# 算法详解（卷1）

## ——算法基础

Algorithms Illuminated

Part 1: The Basics

[美] 蒂姆·拉夫加登（Tim Roughgarden） 著　徐波 译

人民邮电出版社

北京

图书在版编目（ＣＩＰ）数据

算法详解. 卷1，算法基础 / （美）蒂姆·拉夫加登
(Tim Roughgarden) 著 ；　　徐波　译. -- 北京 ：人
民邮电出版社，2019.1
ISBN 978-7-115-49352-1

Ⅰ. ①算… Ⅱ. ①蒂… ②徐… Ⅲ. ①电子计算机—
算法理论 Ⅳ. ①TP301.6

中国版本图书馆CIP数据核字(2018)第212257号

## 版权声明

Simplified Chinese translation copyright ©2018 by Posts and Telecommunications Press.

ALL RIGHTS RESERVED.

Algorithms Illuminated Part 1:The Basics, by Tim Roughgarden, ISBN 9780999282908.

Copyright © 2017 by Tim Roughgarden.

本书中文简体版由 **Tim Roughgarden** 授权人民邮电出版社出版。未经出版者书面许可，对本书的任何部分不得以任何方式或任何手段复制和传播。

版权所有，侵权必究。

◆ 著　　　　[美]蒂姆·拉夫加登（Tim Roughgarden）
　译　　　　徐　波
　责任编辑　武晓燕
　责任印制　焦志炜
◆ 人民邮电出版社出版发行　　北京市丰台区成寿寺路 11 号
　邮编　100164　　电子邮件　315@ptpress.com.cn
　网址　http://www.ptpress.com.cn
　北京七彩京通数码快印有限公司印刷
◆ 开本：720×960　1/16
　印张：12.75　　　　　　　2019 年 1 月第 1 版
　字数：200 千字　　　　　2024 年 9 月北京第 15 次印刷
　著作权合同登记号　图字：01-2017-9353 号

定价：49.00 元

**读者服务热线：(010)81055410　印装质量热线：(010)81055316**

**反盗版热线：(010)81055315**

**广告经营许可证：京东市监广登字20170147号**

# 内容提要

算法是计算机科学领域最重要的基石之一。算法是程序的灵魂，只有掌握了算法，才能轻松地驾驭程序开发。

《算法详解》系列图书共有 4 卷，本书是第 1 卷——算法基础。本书共有 6 章，主要介绍了 4 个主题，它们分别是渐进性分析和大 $O$ 表示法、分治算法和主方法、随机化算法以及排序和选择。附录 A 和附录 B 简单介绍了数据归纳法和离散概率的相关知识。本书的每一章均有小测验、章末习题和编程题，这为读者的自我检查以及进一步学习提供了较多的便利。

本书为对算法感兴趣的广大读者提供了丰富而实用的资料，能够帮助读者提升算法思维能力。本书适合计算机专业的高校教师和学生，想要培养和训练算法思维以及计算思维的 IT 专业人士，以及在准备面试的应聘者和面试官阅读参考。

# 前言

本书是在我的在线算法课程的基础之上编写的，是四卷本系列的第 1 卷。这个在线课程 2012 年起就定期举行，它建立在我在斯坦福大学教授多年的本科课程的基础之上。

## 本书涵盖的内容

本书对以下 4 个主题进行了介绍。

### 渐进性分析和大 O 表示法

渐进性表示法为讨论算法的设计和分析提供了基本术语。它的关键概念是大 *O* 表示法，这是一种用于衡量算法的运行时间粒度的建模选择。我们将会看到，清晰的高层算法设计思想的一大优点就是可以忽略常数因子和低阶项，把注意力集中在算法的性能与输入长度之间的关系上。

### 分治算法和主方法

算法设计中不存在万能的捷径，不存在适用于所有的计算问题的一种解决问题的方法。但是，还是存在一些通用的算法设计技巧适用于一定范围内的不同领域。在本系列的第 1 卷中，我们将讨论“分治”技巧。分治法的思路是把一个问题分解为几个更小的子问题，然后递归地解决这些子问题，并把它们的解决方案快速组合在一起形成原始问题的解决方案。我们将讨论用于排序、整数乘法、矩阵乘法和基本的计算几何学问题的快速分治算法。我们还将讨论主方法，它是一个强大的工具，用于分析分治算法的运行时间。

### 随机化算法

随机化算法在运行时采用了“掷硬币”的方式，它的行为取决于掷硬币的结果。令人吃惊的是，随机化常常能够带来简单、优雅且实用的算法。其中一个经典例子是随机化的快速排序（QuickSort）算法，我们将详细介绍这个算法并分析其运行时间。我们还将在《算法详解》系列的第 2 卷看到随机化算法的进一步应用。

### 排序和选择

作为前 3 个主题研究的附加成果，我们将学习几个著名的排序和选择算法，包括归并排序（MergeSort）、快速排序和线性时间级的选择（包括随机化版本和确定性版本）。这些算法具有令人炫目的高速度，以至于它们的运行时间较之读取输入所需要的时间并没有多出很多。创建类似这样的“低代价基本操作”集合，既可以直接用它来操作数据，也可以将其作为更困难问题的解决方案的基本单位。

关于本书内容的更详细介绍，可以阅读每章的“本章要点”，它对每一章的内容进行了总结，特别是那些重要的概念。

### 《算法详解》系列其他几卷所涵盖的主题

《算法详解（卷 2）》讨论了数据结构（堆、平衡搜索树、散列表、布隆过滤器）、图形基本单元（宽度和深度优先的搜索、连通性、最短路径）以及它们的应用（从消除重复到社交网络分析）。卷 3 重点讨论了贪婪算法（调度、最小生成树、集群、霍夫曼编码）和动态规划（背包、序列对齐、最短路径、最佳搜索树等）。卷 4 则介绍了 NP 完整性及其对算法设计师的意义，还讨论了处理难解的计算问题的一些策略，包括对试探法和局部搜索的分析。

本书经常会出现“Q.e.d”等字样，它是 quod erat demonstrandum 的缩写，表示“证明完毕”。在数学著作中，它出现在证明过程的最后，表示证明已经完成。

## 读者的收获

精通算法需要大量的时间和精力，那为什么要学习算法呢？

### 成为更优秀的程序员

读者将学习一些令人炫目的用于处理数据的高速子程序以及一些实用的数据结构，它们用于组织数据，并可以直接部署到自己的程序中。实现和使用这些算法将会扩展并提高读者的编程技巧。读者还将学习基本的算法设计范式，它们与许多不同领域的不同问题密切相关，并且可以作为预测算法性能的工具。这些“算法设计模式”可以帮助读者为自己碰到的问题设计新算法。

### 加强分析技巧

读者将会获得大量的实践以对算法进行描述和推导。通过数学分析，读者将对《算法详解》系列图书所涵盖的特定算法和数据结构产生深刻的理解。读者还将掌握一些广泛用于算法分析的实用数学技巧。

### 形成算法思维

在学习了算法之后，很难发现有什么地方没有它们的踪影。不管是坐电梯、观察鸟群，还是管理自己的投资组合，甚至是观察婴儿的认知，算法思维都如影随行。算法思维在计算机科学之外的领域，包括生物学、统计学和经济学越来越实用。

### 融入计算机科学家的圈子

研究算法就像是观看计算机科学最近60年的精彩剪辑。当读者参加一个计算机科学的鸡尾酒会时，会上有人讲了一个关于Dijkstra算法的笑话时，你就不会感觉自己被排除在这个圈子之外了。在阅读了本书系列之后，读者将会了解许多这方面的知识。

### 在技术访谈中脱颖而出

在过去这些年里，有很多学生向我讲述了《算法详解》系列图书是怎样帮助他们在技术访谈中大放异彩。

## 其他算法教材

《算法详解》系列图书只有一个目标：尽可能以读者容易接受的方式介绍算法的基础知识。读者可以把本书看成是专家级算法教师的课程记录，教师们以课程的形式传道解惑。

市面上还有一些非常优秀的更为传统、全面的算法教材，它们都可以作为《算法详解》系列关于算法的其他细节、问题和主题的有益补充。我鼓励读者探索和寻找自己喜欢的其他教材。另外还有一些图书的出发点有所不同，它们偏向于站在程序员的角度寻找一种特定编程语言的成熟算法实现。网络中存在大量免费的这类算法。

## 本书的目标读者

《算法详解》系列图书以及建立在它的基础之上的在线课程的整体目标是尽可能地扩展读者群体的范围。学习我的在线课程的人们具有不同的年龄、背景、生活方式，有大量来自全世界各个角落的学生（包括高中生、大学生等）、软件工程师（包括现在的和未来的）、科学家和专业人员。

本书并不是讨论编程的，理想情况下读者应该已经了解了一种标准语言（例如 Java、Python、C、Scala、Haskell 等）并掌握了基本的编程技巧。作为一个立竿见影的试验，读者可以试着阅读第 1.4 节的代码。如果读者觉得自己能够看懂，那么看懂本书的其他部分应该也没有问题。

如果读者想要提高自己的编程技巧，那么可以观看一些非常优秀的讲述基础编程的免费在线课程。

我们还会根据需要使用数学分析帮助读者理解算法为什么能够实现目标，是怎样实现目标的。Eric Lehman 和 Tom Leighton 关于计算机科学的数学知识的免费课程是极为优秀的，可以帮助读者复习数学记法（例如 $\Sigma$ 和 $\forall$）、数学证明的基础知识（归纳、悖论等）、离散概率等更多知识。附录 A 和附录 B 分别提供了数学归纳法和离散概率的快速回顾。带星号的章节是最强调数学背景的。对数学不太精通或者时间较为紧张的读者可以在第一次阅读时跳过这些章节，这种做法并不会影响全书内容的连续性。

## 其他资源

《算法详解》系列的在线课程当前运行于 Coursera 和 Stanford Lagunita 平台。

另外还有一些资源可以帮助读者根据自己的心愿提升对在线课程的体验。

视频。如果读者觉得相比阅读文字，更喜欢听和看，那么可以在 YouTube 的视频播放列表中观看。这些视频涵盖了《算法详解》系列的所有主题。我希望它们能够激发读者学习算法的持续热情。当然，它们并不能完全取代书的作用。

小测验。读者怎么才能知道自己是否完全理解了本书所讨论的概念呢？散布于全书的小测验及其答案和详细解释就起到了这个作用。当读者阅读到这块内容时，最好能够停下来认真思考，然后再继续阅读接下来的内容。

章末习题。每章的末尾都有一些相对简单的问题，用于测试读者对该章内容的理解。另外还有一些开放性的、难度更大的挑战题。本书并未包含章末习题的答案，但是读者可以通过本书的论坛（稍后介绍）与我以及其他读者进行交流。

编程题。许多章的最后部分是一个建议的编程项目，其目的是通过创建自己的算法工作程序，来培养读者对算法的完全理解。读者可以在 www.algorithmsilluminated.org 上找到数据集、测试例以及它们的答案。

论坛。在线课程能够取得成功的一个重要原因是它们为参与者提供了互相帮助的机会，读者可以通过论坛讨论课程材料和调试程序。本书系列的读者也有同样的机会，你可以通过 www.algorithmsilluminated.org 参与互动。

## 致谢

如果没有过去几年里我的算法课程中数以千计的参与者的热情和渴望，《算法详解》系列图书就不可能面世。这些课程既包括斯坦福校园里的课程，也包括在线平台的课程。我特别感谢那些为本书的早期草稿提供详细反馈的人们：Tonya Blust、Yuan Cao、Jim Humelsine、Bayram Kuliyev、Patrick Monkelban、Kyle Schiller、Nissanka Wickremasinghe 和 Daniel Zingaro。

我非常欣赏来自读者的建议和修正意见，读者最好通过上面所提到的讨论组与我进行交流。

Tim Roughgarden 斯坦福大学

加利福尼亚 斯坦福，2017 年 9 月

# 资源与支持

本书由异步社区出品，社区（https://www.epubit.com/）为您提供相关资源和后续服务。

## 提交勘误

作者和编辑尽最大努力来确保书中内容的准确性，但难免会存在疏漏。欢迎您将发现的问题反馈给我们，帮助我们提升图书的质量。

当您发现错误时，请登录异步社区，按书名搜索，进入本书页面，点击“提交勘误”，输入勘误信息，点击“提交”按钮即可。本书的作者和编辑会对您提交的勘误进行审核，确认并接受后，您将获赠异步社区的 100 积分。积分可用于在异步社区兑换优惠券、样书或奖品。

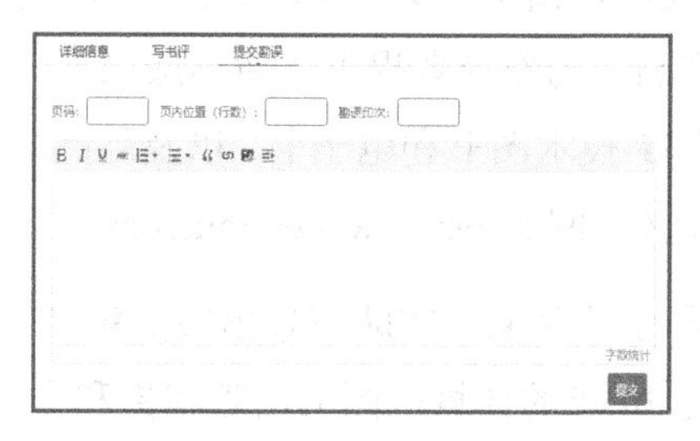


## 扫码关注本书

扫描下方二维码，您将会在异步社区微信服务号中看到本书信息及相关的服务提示。

## 与我们联系

我们的联系邮箱是 contact@epubit.com.cn。

如果您对本书有任何疑问或建议，请您发邮件给我们，并请在邮件标题中注明本书书名，以便我们更高效地做出反馈。

如果您有兴趣出版图书、录制教学视频，或者参与图书翻译、技术审校等工作，可以发邮件给我们；有意出版图书的作者也可以到异步社区在线提交投稿（直接访问 www.epubit.com/selfpublish/submission 即可）。

如果您是学校、培训机构或企业，想批量购买本书或异步社区出版的其他图书，也可以发邮件给我们。

如果您在网上发现有针对异步社区出品图书的各种形式的盗版行为，包括对图书全部或部分内容的非授权传播，请您将怀疑有侵权行为的链接发邮件给我们。您的这一举动是对作者权益的保护，也是我们持续为您提供有价值的内容的动力之源。

## 关于异步社区和异步图书

**"异步社区"**是人民邮电出版社旗下 IT 专业图书社区，致力于出版精品 IT 技术图书和相关学习产品，为作译者提供优质出版服务。异步社区创办于 2015 年 8 月，提供大量精品 IT 技术图书和电子书，以及高品质技术文章和视频课程。更多详情请访问异步社区官网 https://www.epubit.com。

**"异步图书"**是由异步社区编辑团队策划出版的精品 IT 专业图书的品牌，依托于人民邮电出版社近 30 年的计算机图书出版积累和专业编辑团队，相关图书在封面上印有异步图书的 LOGO。异步图书的出版领域包括软件开发、大数据、AI、测试、前端、网络技术等。

异步社区

微信服务号

# 目　　录

# 第1章 绪论

本章的目标是激发读者学习算法的兴趣。我们首先介绍算法的基本概念以及它的重要性。接着，我们通过两个整数相乘的问题来说明精妙的算法是怎样改进那些简单或粗糙的解决方案的。然后，我们详细讨论了归并排序算法。之所以选择这个算法是出于下面这些理由：首先，它是一种非常实用并且非常有名的算法，是读者应该掌握的；其次，它是一种非常合适的“热身”算法，可以为以后学习更复杂的算法打下良好的基础；最后，它是分治算法设计范式的权威引导教程。在本章的最后，我们将描述一些算法分析的指导原则。在本书中，我们将使用这些原则对本书所介绍的算法进行分析。

## 1.1 为什么要学习算法

我们首先要阐明本书的价值，帮助读者激发学习算法的热情。那么，什么是算法呢？它是一组具有良好定义的规则（或者说是一种配方），可以有效地解决一些计算方面的问题。我们可能要处理一大串数字，需要对它们进行重新整理，使它们按顺序排列；我们可能需要在地图上计算从某个起点到某个目标地点的最短路径；我们可能需要在某个最后期限之前完成一些任务，并且需要知道应该按照什么样的顺序完成这些任务，使它们都能在各自的最后期限之前完成。

我们为什么要学习算法呢？

**算法对计算机科学的所有分支都非常重要。**在绝大多数的计算机科学分支领域中，要想完成任何实质性的工作，理解算法的基础知识并掌握与算法密切相关的数据结构知识是必不可少的。例如，在斯坦福大学，每个级别（学士、硕士和博士）的计算机科学系都需要学习算法课。下面仅仅是算法应用的一些例子。

（1）通信网络中的路由协议需要使用经典的最短路径算法。

（2）公钥加密依赖于高效的数论算法。

（3）计算机图像学需要用到几何算法所提供的计算基元（computational primitive）功能。

（4）数据库的索引依赖于平衡搜索树这种数据结构。

（5）计算机生物学使用动态规划算法对基因的相似度进行测量。

类似的例子还有很多。

**算法是技术革新的推动力。**算法在现代的技术革新中扮演了一个关键的角色。最显而易见的一个例子是搜索引擎使用一系列的算法高效地计算与特定搜索项相关联的各个 Web 页面的出现频率。

这种算法最有名的例子是 Google 当前所使用的网页排名（PageRank）算法。事实上，在美国白宫 2010 年 12 月的一个报告中，总统的科学技术顾问作了如下的描述：

> “每个人都知道摩尔定律，它是 Intel 的共同创立者 Gordon Moore 于 1965 年所作的一个预测：集成电路中的半导体密度每过一到两年就会扩大一倍……在许多领域，由于算法的改进所获得的性能提升甚至远远超过由于处理器速度的急剧增加所带来的性能提升。”[①]

**算法会对其他科学产生影射。**虽说这个话题超出了本书的范围，但算法就像一面“镜子”一样，越来越多地用于对计算机科学技术之外的过程进行影射。例如，对量子计算的研究为量子力学提供了一种新的计算视角。经济市场中的价格

① 节选自 2010 年 12 月向总统和国会所提供的报告：*Designing a Digital Future*（第 71 页）。

波动也可以形象地看作一种算法过程。

甚至，技术革新本身也可以看作一种令人吃惊的有效搜索算法。

**学习算法有益于思维。**当我还是一名学生时，我最喜欢的课程始终是那些具有挑战性的课程。当我艰苦地征服这些课程时，我甚至能够感觉到自己的智商比刚开始学习这些课程时提高了几个点。我希望本书也能够为读者提供类似的体验。

**算法很有趣！**最后，我希望读者在读完本书后认为算法的设计和分析是件简单而愉快的事情。这并非易事，因为它需要把精确和创新这两个特征罕见地结合在一起。它常常会给我们带来挫折，但有时会让我们深深入迷。别忘了，当我们还是小孩子时，就已经开始学习算法了。

# 1.2 整数乘法

## 1.2.1 问题和解决方案

小学三年级的时候，我们很可能就学习了两数相乘的计算方法，这是一种具有良好定义的规则，把输入（2 个数）转换为输出（它们的乘积）。在这里，我们要注意区分两个不同的概念：一个是对需要解决的问题的描述，另一个是对解决方案所使用方法（也就是问题的算法）的描述。在本书中，我们所采用的模式是首先介绍一个计算问题（输入及其目标输出），然后描述一个或多个解决该问题的算法。

## 1.2.2 整数乘法问题

在整数乘法问题中，它的输入是两个 $n$ 位数字的整数，分别称为 $x$ 和 $y$。$x$ 和 $y$ 的长度 $n$ 可以是任意正整数，但我鼓励读者把 $n$ 看作一个非常巨大的数，几千甚至更大[①]。（例如，在有些加密应用程序中，可能需要将两个非常巨大的数相

① 如果想把两个不同长度的整数相乘（例如 1234 和 56），一个简单的技巧就是在那个较短的数前面添加适当数量的 0（例如，56 就变成了 0056）。另外，我们所讨论的算法也可以进行调整，使之适应不同长度的乘数。

乘。）整数乘法问题的目标输出就是 $x \cdot y$ 这个乘积。

| 问题：整数乘法 |
| --- |
| **输入**：两个 $n$ 位数字的非负整数 $x$ 和 $y$。 |
| **输出**：$x$ 和 $y$ 的乘积。 |

### 1.2.3 小学算法

精确地定义了计算问题之后，我们描述一种解决该问题的算法，这种算法和我们在小学三年级时所学习的算法是一样的。我们通过测量它所执行的“基本操作”的数量来评估这种算法的性能。现在，我们可以把基本操作看作下列的操作之一：

（1）两个个位数相加；

（2）两个个位数相乘；

（3）在一个数的之前或之后添加一个 0。

为了加深记忆，我们讨论一个具体的例子，把 $x = 5678$ 和 $y = 1234$（因此 $n = 4$）这两个整数相乘。详细过程如图 1.1 所示。这种算法首先计算第一个数与第二个数最后一位数字的“部分乘积”：5678×4 = 22 712。计算这个部分乘积的过程又可以细分为把第一个数的每位数字与 4 相乘，并在必要时产生“进位”[①]。在计算下一个部分乘积（5678×3 = 17 034）时，我们执行相同的操作，并把结果左移一位，相当于在末尾添加一个“0”。对于剩下的两个部分乘积，也是执行相同的操作。最后一个步骤就是把所有的 4 个部分乘积相加。

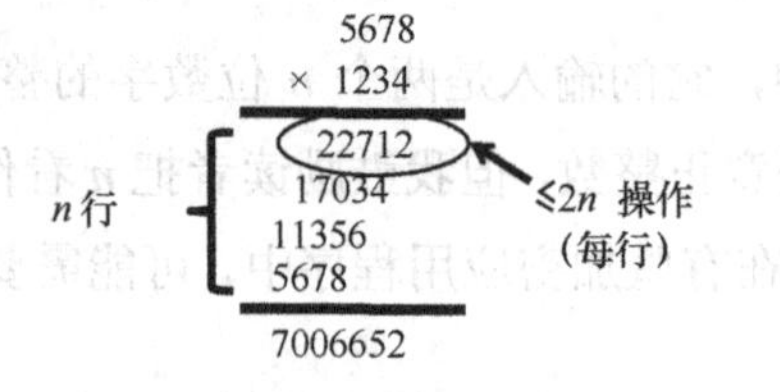


图 1.1 整数相乘的小学生算法

① 8×4 = 32，产生的进位是 3；7 × 4 = 28，28 加进位 3 等于 31，因此产生的进位也是 3，以此类推。

回想小学三年级的时候，我们接受了这种算法的正确性。也就是说，不管 $x$ 和 $y$ 是什么整数，只要所有的中间计算过程都是正确的，这种算法最终能够得出两个输入数 $x$ 和 $y$ 的正确乘积。

也就是说，我们绝不会得到错误的答案，并且它不会陷入无限循环。

## 1.2.4 操作数量的分析

小学老师很可能不会讨论实现整数相乘这个过程所需要的基本操作的数量。为了计算第一个部分乘积，我们把 4 依次与第 1 个数的 5、6、7、8 相乘，这样就产生了 4 个基本操作。由于进位的原因，我们还需要执行一些加法操作。

一般而言，计算一个部分乘积涉及 $n$ 个乘法（每位数字 1 个）以及最多 $n$ 个加法（每位数字最多 1 个），总共最多是 $2n$ 个基本操作。第一个部分乘积和其他几个部分乘积相比并没有任何特殊之处，每个部分乘积都是最多需要 $2n$ 个基本操作。由于一共有 $n$ 个部分乘积（第 2 个整数的每位数字各产生 1 个部分乘积），因此计算所有的部分乘积最多需要 $n \cdot 2n = 2n^2$ 个基本操作。我们还需要把所有的部分乘积相加得到最终的答案，但这个过程仍然需要相当数量的基本操作（最多可达 $2n^2$）。该算法的基本操作的数量总结如下：

$$\text{基本操作的数量} \leqslant \text{常数（此例中为 2）} \cdot n^2$$

可以想象，当输入数的位数越来越多时，这种算法所执行的基本操作的数量也会急剧增加。如果把输入数的位数增加一倍，需要执行的基本操作的数量是原来的 4 倍。如果输入的位数是原来的 4 倍，那么基本操作的数量就是原来的 16 倍，以此类推。

## 1.2.5 还能做得更好吗

由于读者所接受的小学教育略有差异，有些读者可能会觉得上面这种方法是唯一可行的，还有些读者认为它至少是两数相乘最合适的方法之一。如果想成为一名严肃的算法设计师，那你必须要摆脱这种认为旧有方法理所当然的顺从思维。

Aho、Hopcroft 和 Ullman 的经典算法名著在讨论了一些算法设计范式之后，对于这个问题提出了自己的见解：

“或许，成为优秀算法设计师的最重要原则就是拒绝满足。”[①]

或者如我所归纳的，每一名算法设计师都应该坚守下面这个信条：

我还能做得更好吗？

当我们面对一个计算问题的简单解决方案时，这个问题就显得格外合适。在小学三年级时，老师不可能要求我们对这种简单的整数相乘算法进行改进。但是到了现在这个时候，无疑是提出这个问题的良好时机。

## 1.3 Karatsuba 乘法

算法设计的空间之丰富达到了令人吃惊的程度，除了小学三年级所学习的方法之外，肯定还有其他有趣的方法可以实现两个整数的乘法。本节描述了一种名为 Karatsuba 乘法[②]的方法。

### 1.3.1 一个具体的例子

为了让读者更方便了解 Karatsuba 乘法，我们还是沿用前面的 $x = 5678$ 和 $y = 1234$ 这个例子。我们将执行一系列与之前的小学算法截然不同的步骤，最终也生成 $x \cdot y$ 这个乘积。这些步骤序列可能会让读者觉得非常神秘，就像魔术师突然从自己的帽子里拽出一只兔子一样。在本节的后面，我们将介绍什么是 Karatsuba 乘法，并解释它的工作原理。现在，我们需要领悟的一个关键要点就是我们可以通过许多令人眼花缭乱的方法来解决诸如整数乘法这样的计算问题。

首先，我们把 $x$ 的前半部分和后面部分划分开来，并分别为它们命名为 $a$

---

① Alfred V. Aho、John E. Hopcroft 和 Jeffrey D. Ullman，*The Design and Analysis of Computer Algorithms*，Addison-Wesley，1974 年出版，第 70 页。

② 这种算法是 Anatoly Karatsuba 于 1960 年发现的，当时他还是一名 23 岁的学生。

和 $b$（因此 $a = 56$，$b = 78$）。

类似，$c$ 和 $d$ 分别表示 12 和 34（图 1.2）。

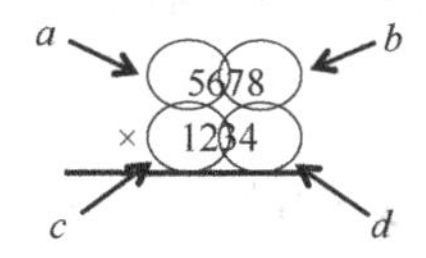


图 1.2 把一个 4 位整数看成是一对两位整数

接着，我们执行一系列的操作，它们只涉及两位数 $a$、$b$、$c$ 和 $d$，并最终用一种神奇的方法把它们组合在一起，产生 $x$ 和 $y$ 的乘积。

**步骤 1**：计算 $a \cdot c = 56 \times 12$，其结果为 672（欢迎读者验算）。

**步骤 2**：计算 $b \cdot d = 78 \times 34 = 2652$。

接下来的两个步骤显得更加神秘：

**步骤 3**：计算$(a + b) \cdot (c + d) = 134 \times 46 = 6164$。

**步骤 4**：步骤 3 的结果减去前两个步骤的结果 $6164 - 672 - 2652 = 2840$。

最后，我们把步骤 1、2、4 的结果相加，不过在此之前先在步骤 1 的结果后面加上 4 个 0，在步骤 4 的结果后面加上 2 个 0。

**步骤 5**：计算 $10^4 \times 672 + 10^2 \times 2840 + 2652 = 6\,720\,000 + 284\,000 + 2652 = 7\,006\,652$。

这个结果与第 1.2 节的小学算法所产生的结果完全相同！

读者肯定不明白这中间到底发生了什么。我希望读者既对此感到困惑，又为此入迷，并且非常愉快地发现除了小学所学习的整数相乘算法之外，还存在其他完全不同的算法。一旦意识到算法空间之广阔，我们就会萌生这样的想法：我们能不能比小学算法做得更好？上面所描述的这种算法是不是更加优秀？

## 1.3.2 一种递归算法

在详细分析 Karatsuba 乘法之前，我们先探索一种更简单的处理整数乘法的递归方法[①]。整数乘法的递归算法大致可以理解为调用更少位数的整数乘法（例如在上面的例子中，先执行 12、34、56、78 这些整数的乘法）。

一般而言，位数为偶数 $n$ 的数 $x$ 可以表示为 2 个 $n/2$ 位的数，即它的前半部分 $a$ 和后半部分 $b$：

$$x = 10^{n/2} \cdot a + b$$

类似，我们也可以得到下面的结果：

$$y = 10^{n/2} \cdot c + d$$

为了计算 $x$ 和 $y$ 的乘积，我们使用上面这两个表达式并把它们相乘：

$$\begin{aligned} x \cdot y &= (10^{n/2} \cdot a + b) \cdot (10^{n/2} \cdot c + d) \\ &= 10^{n} \cdot (a \cdot c) + 10^{n/2} \cdot (a \cdot d + b \cdot c) + b \cdot d \end{aligned} \tag{1.1}$$

注意，表达式（1.1）中的所有乘法要么是在一对 $n/2$ 位的整数之间进行的，要么涉及 10 的乘方。[②]

表达式（1.1）提示用一种递归方法进行两个整数的相乘。为了计算 $x \cdot y$ 这个乘积，我们对表达式（1.1）进行计算。4 个相关的乘积（$a \cdot c$、$a \cdot d$、$b \cdot c$ 和 $b \cdot d$）所涉及的位数都少于 $n$，因此我们可以用递归的方式计算它们。当这 4 个递归调用带着各自的答案返回时，我们就可以很简单地计算表达式（1.1）的值了：在 $a \cdot c$ 后面加上 $n$ 个 0；把 $a \cdot d$ 和 $b \cdot c$ 相加（使用小学加法），并在得出的结果后面加上 $n/2$ 个 0，并最终把这两个表达式与 $b \cdot d$ 相加[③]。我们用下面的伪码对这种名为 RecIntMult 的算法进行总结[④]。

---

① 相信读者都拥有一定的编程背景，所以应该听说过递归的概念。递归就是以子程序的形式用一个更小的输入调用自身，直到触发某个基本条件。

② 简单起见，我们假设 $n$ 是 2 的整数次方。为了满足这个先决条件，一个简单的技巧就是在 $x$ 和 $y$ 前面添加适当数量的 0，这最多可导致 $n$ 的长度增加一倍。另外，当 $n$ 是奇数时，把 $x$ 和 $y$ 分为两个几乎相同长度的数也是可行的。

③ 递归算法还需要一个或多个基本条件，这样它才不会无限制地调用自身。在这个例子中，基本条件是 $x$ 和 $y$ 是一位数，此时就只用一个基本操作将它们相乘并返回结果。

④ 在伪码中，我们使用"="表示相等性测试，使用":="表示变量赋值。

**RecIntMult**

**输入：** 两个 $n$ 位正整数 $x$ 和 $y$。

**输出：** $x$ 和 $y$ 的乘积。

先决条件：$n$ 是 2 的整数次方。

```
if n = 1 then           // 基本条件[1]
    通过单个步骤计算 x·y，并返回结果
else                    // 递归条件
    a, b := x 的前半部分和后半部分
    c, d := y 的前半部分和后半部分
    以递归的方法计算 ac := a·c, ad := a·d, bc := b·c, bd := b·d
    使用小学数学加法计算 10^n·ac + 10^(n/2)·(ad + bc) + bd 并返回结果
```

RecIntMult 算法和小学算法相比是更快还是更慢呢？现在读者对这个问题应该不会有直观的感觉，我们将在第 4 章讨论这个问题的答案。

## 1.3.3 Karatsuba 乘法

Karatsuba 乘法是 RecIntMult 算法的一种优化版本。我们仍然从根据 $a$、$b$、$c$、$d$ 进行了扩展的 $x \cdot y$ 表达式（1.1）开始。RecIntMult 算法使用了 4 个递归调用，分别用于表达式（1.1）中的每个 $n/2$ 位数之间的乘积。我们事实上并不真正关心 $a \cdot d$ 或 $b \cdot c$，只是关注它们的和 $a \cdot d + b \cdot c$。由于我们真正关心的只有 3 个值：$a \cdot c$、$a \cdot d + b \cdot c$ 和 $b \cdot d$，那么是不是只用 3 个递归调用就可以了呢？

为了观察这种想法是否可行，我们首先像前面一样以递归的方式调用 $a \cdot c$ 和 $b \cdot d$。

**步骤 1：** 用递归的方式计算 $a \cdot c$。

**步骤 2：** 用递归的方式计算 $b \cdot d$。

我们不再递归地计算 $a \cdot d$ 或 $b \cdot c$，而是递归地计算 $a + b$ 和 $c + d$ 的乘积[2]。

---

① 递归的基本条件又被称为递归的终止条件。——译者注

② $a+b$ 和 $c+d$ 这两个数最多可能有 $(n/2)+1$ 位数，但是这种算法仍然是适用的。

**步骤 3**：计算 $a+b$ 和 $c+d$（使用小学加法），并以递归的方式计算$(a+b)\cdot(c+d)$。

Karatsuba 乘法所使用的关键技巧来源于 19 世纪早期的著名数学家 Carl Friedrich Gauss，这是他在思考复数乘法时所想到的方法。从步骤 3 的结果中减去前两个步骤的结果所得到的值正是我们所需要的，也就是表达式（1.1）中 $a\cdot d+b\cdot c$ 的中间系数：

$$\underbrace{(a+b)\cdot(c+d)}_{=a\cdot c+a\cdot d+b\cdot c+b\cdot d}-a\cdot c-b\cdot d=a\cdot d+b\cdot c$$

**步骤 4**：从步骤 3 的结果中减去前两个步骤的结果，获得 $a\cdot d+b\cdot c$ 的值。

最后一个步骤就是计算表达式（1.1），其方法与 RecIntMult 算法相同。

**步骤 5**：在步骤 1 的结果后面加上 $n$ 个 0，在步骤 4 的结果后面加上 $n/2$ 个 0，然后将它们与步骤 2 的结果相加，以计算表达式（1.1）。

**Karatsuba**

**输入**：2 个 $n$ 位正整数 $x$ 和 $y$。

**输出**：$x$ 和 $y$ 的乘积。

**先决条件**：$n$ 是 2 的整数次方。

```
if n = 1 then  //基本条件
  通过单个步骤计算出 x·y 并返回结果
else           // 递归条件
  a, b := x 的前半部分和后半部分
  c, d := y 的前半部分和后半部分
  使用小学加法计算 p:= a + b 和 q:= c + d
  以递归的方法计算 ac := a·c, bd := b·d 和 pq:= p·q
  使用小学加法计算 adbc:= pq - ac - bd
  使用小学加法计算 10^n ·ac + 10^(n/2)·adbc + bd 并返回结果
```

Karatsuba 乘法只进行了 3 个递归调用！节省 1 个递归调用应该能够节省整体运行时间，但能够节省多少呢？Karatsuba 算法是不是比小学乘法更快？答案并不显而易见，不过我们将在第 4 章引入一个方便的应用工具，用于对这类分治算法的运行时间进行分析。

**关于伪码**

本书在解释算法时混合使用了高级伪码和日常语言(就像本节一样)。我假设读者有能力把这种高级描述转换为自己所擅长的编程语言的工作代码。有些书籍和一些网络上的资源使用某种特定的编程语言来实现各种不同的算法。

强调用高级描述来代替特定语言的实现的第一个优点是它的灵活性:我假设读者熟悉某种编程语言,但我并不关注具体是哪种。其次,这种方法能够在一个更深入的概念层次上加深读者对算法的理解,而不需要关注底层的细节。经验丰富的程序员和计算机科学家一般也是在一种类似的高级层次上对算法进行思考和交流。

但是,要想对算法有一个深入的理解,最好能够自己实现它们。我强烈建议读者只有要时间,就应该尽可能多地实现本书所描述的算法。(这也是学习一种新的编程语言的合适借口!)每个章节最后的编程问题和支持测试案例提供了这方面的指导意见。

## 1.4 MergeSort 算法

在本节中,我们第一次对一个具有相当深度的算法的运行时间进行分析,这个算法就是著名的 MergeSort(归并排序)算法。

### 1.4.1 推动力

MergeSort 是一种相对古老的算法,早在 1945 年就由约翰·冯·诺依曼提出并广为人知。我们为什么要在现代的算法课程中讨论这样的古老例子呢?

**姜还是老的辣**。尽管已经 70 岁“高龄”,但 MergeSort 仍然是一种可供选择的排序算法。它在实践中被一直沿用,仍然是许多程序库中的标准排序算法之一。

**经典的分治算法**。分治算法设计范式是一种通用的解决问题的方法，在许多不同的领域有着大量的应用。它的基本思路就是把原始问题分解为多个更小的子问题，并以递归的方式解决子问题，最终通过组合子问题的解决方案得到原始问题的答案。MergeSort 可以作为一个良好的起点，帮助我们理解分治算法范式以及它的优点，包括它所面临的分析挑战。

**校准预备条件**。本节对 MergeSort 的讨论可以让读者明白自己当前的技术水平是否适合阅读本书。我假设读者具有一定的编程和数学背景（具有一定实践经验），能够把 MergeSort 的高级思路转换为自己所喜欢的编程语言的工作程序，并且能够看懂我们对算法所进行的运行时间分析。如果读者能够适应本节和下一节的内容，那么对于本书的剩余部分也不会有什么问题。

**推动算法分析的指导原则**。本节对 MergeSort 运行时间的分析展示了一些更加基本的指导原则，例如探求每个特定长度的输入的运行时间上界以及算法的运行时间增长率的重要性（作为输入长度的函数）。

**为主方法热身**。我们将使用“递归树方法”对 MergeSort 进行分析，这是一种对递归算法所执行的操作进行累计的方法。第 4 章将集合这些思路生成一个“主方法”。主方法是一种功能强大且容易使用的工具，用于界定许多不同的分治算法的运行时间，包括第 1.3 节所讨论的 RecIntMult 和 Karatsuba 算法。

### 1.4.2 排序

读者很可能对排序问题以及一些解决排序问题的算法已经有所了解，我们姑且把它们放在一起。

**问题：排序**

**输入：** 一个包含 $n$ 个数的数组，以任意顺序排列。

**输出：** 包含与输入相同元素的数组，但它们已经按照从小到大的顺序排列。

例如，假设输入数组是：

| 5 | 4 | 1 | 8 | 7 | 2 | 6 | 3 |
|---|---|---|---|---|---|---|---|

目标输出数组是：

| 1 | 2 | 3 | 4 | 5 | 6 | 7 | 8 |
|---|---|---|---|---|---|---|---|

在上面这个例子中，输入数组中的 8 个数是各不相同的。即使数组中出现了重复的数，排序也不会变得更困难，甚至变得更简单。但是，为了尽可能地简单，我们假设输入数组中的数总是不同的。我积极鼓励读者对我们所讨论的排序算法进行修改（如果可以修改），使之能够处理重复的值[①]。

如果读者并不关注运行时间的优化，那么要想实现一种正确的排序算法并不困难。也许最简单的方法就是首先对输入数组进行扫描，找到最小的元素并把它复制到输出数组的第 1 个元素，接着扫描并复制次小的元素，接下来依次类推。这种算法称为 SelectionSort（选择排序）。读者可能听说过 InsertionSort[②]（插入排序），这是同一个思路的一种更灵巧的实现方法，它把输入数组中的每个元素依次插入到有序的输出数组中的适当位置。读者可能还听说过 BubbleSort（冒泡排序），它需要对一对对相邻的无序元素进行比较，并执行反复的交换，直到整个数组实现了排序。所有这些算法所需要的运行时间都是平方级的，意味着对长度为 $n$ 的数组所执行的操作数量级是 $n^2$，即输入长度的平方。我们能不能做得更好？通过分治算法的范式，我们可以发现 MergeSort 算法较之这些简单的排序算法能够大幅度地提高性能。

## 1.4.3 一个例子

理解 MergeSort 最容易的方法就是通过一个具体的例子（图 1.3）。我们将使用 1.4.2 节的输入数组。

作为一种递归的分治算法，MergeSort 以更小的输入数组调用自身。把一个

---

① 在实际使用中，每个数（称为键）常常具有相关联的数据（称为值）。例如，我们可能需要以社会保障号码为键对员工记录（具有姓名、工资等数据）进行排序。我们把注意力集中在对键进行排序上，并理解它能够保留与它相关联的数据。

② 虽说 MergeSort 处于统治地位，但 InsertionSort 在某些情况下还是非常常见的，尤其是在输入数组的长度较小的时候。

排序问题分解为多个更小的排序问题的最简单方法就是把输入数组对半分开，并分别以递归的方式对数组的前半部分和后半部分进行排序。例如，在图 1.3 中，输入数组的前半部分和后半部分分别是{5, 4, 1, 8}和{7, 2, 6, 3}。通过神奇的递归（如果读者喜欢，也可以称为归纳），第一个递归调用对前半部分进行正确的排序，返回数组{1, 4, 5, 8}。第二个递归调用则返回数组{2, 3, 6, 7}。

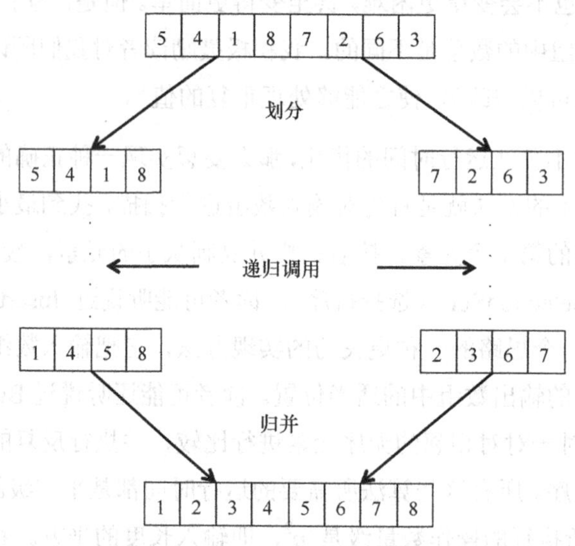


图 1.3　通过一个具体例子领会 MergeSort

最后的“归并”步骤把这两个已经排序的长度为 4 的数组组合为一个已经排序的包含 8 个数的数组。下面描述了这个步骤的细节，其思路是通过索引遍历每个已经排序的子数组，并按照从左到右的有序方式生成输出数组。

## 1.4.4　伪码

图 1.3 大致相当于下面的伪码。对于通用的问题，它有两个递归调用和一个归并步骤。和往常一样，我们的描述并不需要逐行转换为工作代码（尽管已经相当接近）。

**MergeSort**

**输入：**包含 $n$ 个不同整数的数组 $A$。

**输出：**包含与数组 $A$ 相同整数的数组，这些整数已经按照从小到大的方式进行了排序。

```
// 忽略基本条件
C := 对 A 的前半部分进行递归排序
D := 对 A 的后半部分进行递归排序
返回 Merge (C, D)
```

这段伪码省略了一些内容，这些内容值得予以说明。作为一种递归算法，它必须有一个或多个基本条件，如果不再有进一步的递归，就直接返回答案。因此，如果输入数组 $A$ 只包含 0 个或 1 个元素，MergeSort 就返回该数组（它显然已经排序）。这段伪码并没有详细说明当 $n$ 是奇数时，“前半部分”和“后半部分”是怎么划分的，但那种显而易见的理解（其中一半比另一半多一个元素）是可行的。最后，这段伪码忽略了怎么把两个子数组实际传递给它们各自的递归调用的实现细节。这些细节取决于编程语言。高级伪码的要点就是忽略这类细节，把注意力集中在超越任何特定编程语言的概念上。

### 1.4.5 Merge 子程序

我们应该怎样实现归并步骤呢？此时，两个递归调用已经完成了它们的工作，我们拥有了两个已经排序的长度为 $n/2$ 的子数组 $C$ 和 $D$。我们的思路是按顺序遍历这两个已经排序的子数组，并按照从左到右的方式有序地生成输出数组[①]。

**Merge**

**输入：**已经排序的数组 $C$ 和 $D$（每个数组的长度为 $n/2$）。

**输出：**已经排序的数组 $B$（长度为 $n$）。

简化的先决条件：$n$ 是偶数。

```
1 i := 1
2 j := 1
3 for k := 1 to n do
```

① 我们从 1 开始标识数组项（而不是从 0 开始），并使用“$A[i]$”这种语法表示数组 $A$ 的第 $i$ 项。这些细节因不同的编程语言而异。

```
4   if C[i] < D[j ] then
5       B[k] := C[i]    // 生成输出数组
6       i := i + 1      // i 的值增加 1
7   else                // D[j ] < C[i]
8       B[k] := D[j ]
9       j := j + 1
```

我们根据索引 $k$ 遍历输出数组，根据索引 $i$ 和 $j$ 遍历已经排序的子数组。这 3 个数组都是从左向右进行遍历的。第 3 行的 for 循环实现向输出数组的传递。在第一次迭代中，这个子程序确认 $C$ 或 $D$ 中的最小元素，并把它复制到输出数组 $B$ 的第一个位置。最小元素要么在 $C$（此时为 $C[1]$，因为 $C$ 是经过排序的），要么在 $D$（此时为 $D[1]$，因为 $D$ 是经过排序的）。把对应索引（$i$ 或 $j$）的值加 1 就有效地略过了刚刚已经被复制的元素。再次重复这个过程，寻找 $C$ 或 $D$ 中剩余的最小元素（全体中的第二小元素）。一般而言，尚未被复制到 $B$ 的最小元素是 $C[i]$或 $D[j]$。这个子程序检查哪个元素更小，并进行相应的处理。由于每次迭代都是复制 $C$ 或 $D$ 中所剩下的最小的那个元素，因此输出数组确实是按有序的方式生成的。

和往常一样，我们的伪码有意写得比较粗略，这是为了强调整片森林而不是具体的树木。完整的实现应该要追踪 $C$ 或 $D$ 是否已经遍历到了数组的末尾，此时就把另一个数组的所有剩余元素都复制到数组 $B$ 的最后部分（按顺序）。现在，就是读者自行实现 MergeSort 算法的好时机。

## 1.5 MergeSort 算法分析

作为一个长度为 $n$ 的输入数组的函数，MergeSort 算法的运行时间是怎么样的呢？它是不是比更为简单的排序方法例如 SelectionSort、InsertionSort 和 BubbleSort 速度更快呢？“运行时间”表示算法的一个具体实现所执行的代码的行数。我们可以把它看成是在这个具体的实现中用调试器进行逐行追踪，每次追踪一个“基本操作”。我们所感兴趣的是在程序结束之前调试器所执行的步数。

### 1.5.1 Merge 的运行时间

分析 MergeSort 算法的运行时间是一项令人望而生畏的任务，因为它是一种会不断调用自身的递归算法。因此，在刚开始热身时，我们首先完成一个更简单的任务，就是理解在单次调用 Merge 子程序时（其参数是两个长度为 $\ell/2$ 的已经排序的数组）所执行的操作数量。我们可以通过检查 1.4.5 节的代码（其中的 $n$ 对应于 $\ell$）直接完成这个任务。首先，第 1 行和第 2 行各自执行一项初始化操作，我们将它们计为 2 个操作。然后，是一个总共执行 $\ell$ 次的 for 循环。这个循环的每次迭代在第 4 行执行一个比较操作，并在第 5 行或第 8 行执行一个赋值操作，然后在第 6 行或第 9 行执行一个变量值加 1 的操作。在循环的每次推迭代中，循环索引 $k$ 的值也要增加 1。这意味着这个循环的 $\ell$ 次迭代每次都执行 4 个基本操作[①]。这样累加起来，我们可以推断出当 Merge 子程序对两个长度均为 $\ell/2$ 的已经排序的数组进行归并时，最多需要执行 $4\ell+2$ 个操作。接下来，我们继续透支一些读者对作者的信任，采用一个粗略的不等式进一步简化任务：当 $\ell\geqslant 1$ 时，$4\ell+2 \leqslant 6\ell$。因此，$6\ell$ 是 Merge 子程序所执行的操作数量的合法上界。

**辅助结论 1.1**（**Merge 的运行时间**）对于每一对长度为 $\ell/2$ 的已经排序的数组 $C$ 和 $D$，Merge 子程序最多执行 $6\ell$ 个操作。

**关于辅助结论、定理等名词**

在数学著作中，最重要的技术性陈述是带编号的定理。辅助结论是一种用于协助证明定理的技术性陈述（就像 Merge 帮助实现 MergeSort 一样）。推论是一种从一个已经被证明的结果引导产生的结论，例如一个定理的一种特殊情况。对于那些本身并不是特别重要的独立的技术性陈述，我们将使用命题这个术语。

---

① 有些人可能觉得 4 这个数字并不精确。每次迭代时把循环索引 $k$ 与它的上界进行比较是不是也要算成是一个额外的操作（这样总数就是 5 个基本操作）？1.6 节将会解释为什么类似这样的计数差别的影响微乎其微。出于作者与读者之间的信任，读者只要认可每次迭代执行 4 个基本操作就可以了。

## 1.5.2 MergeSort 的运行时间

我们怎样才能从Merge子程序的简明分析转到MergeSort的分析呢？要知道递归算法会产生更多的对自身的调用，更为可怕的是递归调用数量的快速增长。随着递归深度的加深，递归调用的数量以指数级的速度增长。我们必须记住一个事实，传递给每个递归调用的输入要明显小于上一级递归调用的输入。这里存在两个相互制衡的竞争因素：一方面是需要解决的子问题的数量呈爆炸性增长；另一方面是这些子问题的输入越来越小。协调好这两个竞争因素有助于我们对MergeSort进行分析。最后，我们将证明MergeSort（包括它的所有递归调用）所执行的操作数量的上界，这是一个非常具体且实用的结论。

**定理 1.2**（**MergeSort 的运行时间**）对于每个长度 $n \geq 1$ 的输入数组，MergeSort 算法所执行的操作数量上界为 $6n\log_2 n + 6n$，其中 $\log_2$ 表示以 2 为底的对数。

**关于对数**

有些读者对对数这个概念十分恐惧，这毫无必要。对数实际上是一个非常"脚踏实地"的概念。对于正整数 $n$，$\log_2 n$ 表示下面的含义：在计算器中输入 $n$，将它不断除以 2，直到结果小于等于 1，此时所执行的除法次数就是这个对数的值[a]。例如，32 经过 5 次除以 2 的操作之后等于 1，因此 $\log_2 32 = 5$。1024 经过 10 次除以 2 的操作之后等于 1，因此 $\log_2 1024 = 10$。通过这两个例子会我们产生一个直觉，那就是 $\log_2 n$ 的值要比 $n$ 小很多（10 与 1024 相比较），尤其是当 $n$ 非常大的时候。图 1.4 的图形验证了这个直觉。

a 站在更正规的学术角度上，当 $n$ 并不是 2 的整数次方时，$\log_2 n$ 的值并不是整数，上面所描述的结果实际上是 $\log_2 n$ 向上调整为最接近的整数。我们可以忽略这些细微的差别。

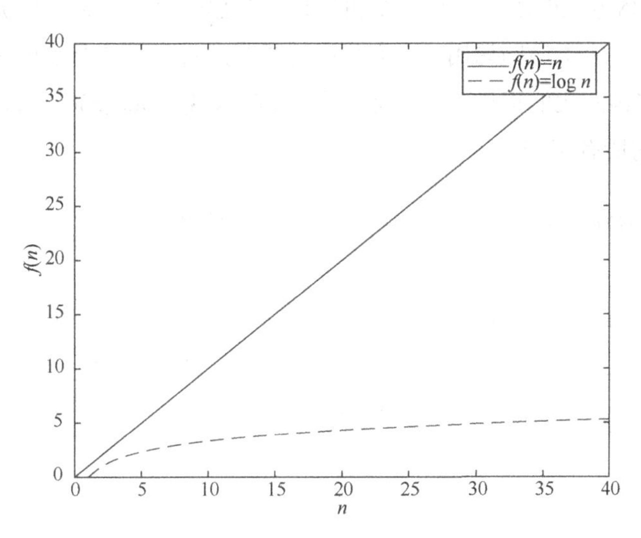


图 1.4 对数函数的增长速度要比恒等函数慢很多。本图的对数函数的底为 2，其他底的对数函数的图形也类似

定理 1.2 宣布了 MergeSort 算法的优胜，并列出了分治算法设计范式的优点。我们提到了更简单的排序算法如 SelectionSort、InsertionSort 和 BubbleSort 的运行时间，它们与输入长度 $n$ 是平方级的关系，意味着它们所需要的操作数量是稳定的 $n^2$ 级。在定理 1.2 中，其中一个 $n$ 因子被 $\log_2 n$ 所代替。如图 1.4 所示，这意味着 MergeSort 的运行速度一般要比更简单的排序算法快很多，尤其是当 $n$ 非常大的时候[①]。

## 1.5.3 定理 1.2 的证明

现在，我们对 MergeSort 算法进行完整的运行时间分析，这样就能理直气壮地宣称递归的分治方法所产生的排序算法比更简单的排序方法要快速得多。简单起见，我们假设输入数组的长度 $n$ 是 2 的整数次方。我们只需要少量的额外工作就可以消除这个前提条件。

为了证明定理 1.2 所描述的运行时间上界，我们使用了一棵递归树，如图 1.5

① 关于这方面的讨论，可以参考第 1.6.3 节。

所示[①]。递归树方法的思路是在一个树结构中写出一个递归调用所完成的所有工作，树的节点对应于递归调用，一个节点的子节点对应于该节点所制造的递归调用。这个树结构向我们提供了一种条理化的方式归纳 MergeSort 通过所有的递归调用所完成的所有工作。

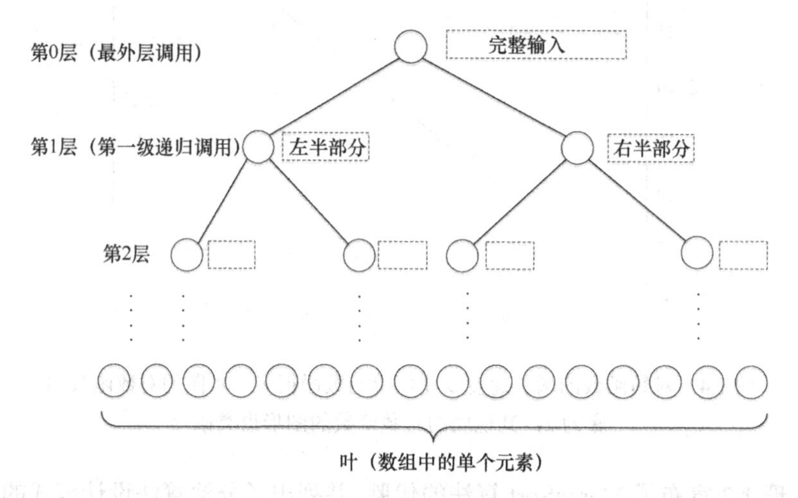


图 1.5 MergeSort 递归树。节点对应于递归调用。第 0 层对应于 MergeSort 的最外层调用，第 1 层对应于它的递归调用，接下来以此类推

递归树的根对应于 MergeSort 的最外层调用，其输入就是原始输入数组。我们称之为这棵树的第 0 层。由于 MergeSort 的每个调用会产生 2 个递归调用，因此这是棵二叉树（即每个节点有两个子节点）。这棵树的第 1 层具有 2 个节点，分别对应于最外层调用所制造的两个递归调用，一个作用于输入数组的左半部分，另一个作用于输入数组的右半部分。第 1 层的两个递归调用各自又制造两个递归调用，分别对原始输入数组的某四分之一部分进行操作。这个过程继续进行，最终到达递归的底部，即它们所处理的子数组的长度为 1 或 0（基本条件）。

**小测验 1.1**

当输入数组的长度为 $n$ 时，递归树的层数大致有多少层？

(a) 常数（与 $n$ 无关）

① 基于某些原因，计算机科学家一般把树看成是向下生长的。

（b）$\log_2 n$

（c）$\sqrt{n}$

（d）$n$

（关于正确答案和详细解释，参见第 1.5.4 节）

这棵递归树提出了一种特别方便的方法对MergeSort所完成的工作进行逐层计数。为了实现这个思路，我们需要理解两样东西：首先是特定的第 $j$ 层递归的所有子问题的数量，其次是传递给这些子问题的输入数组的长度。

**小测验 1.2**

什么是模式？在下面的句子空白处填上正确的答案：在递归树的第 $j$ 层($j = 0$、1、2……)，共有（　　）个子问题，它们分别对一个长度为（　　）的子数组进行操作。

（a）分别是 $2^j$ 和 $2^j$

（b）分别是 $n/2^j$ 和 $n/2^j$

（c）分别是 $2^j$ 和 $n/2^j$

（d）分别是 $n/2^j$ 和 $2^j$

（关于正确答案及详细解释，参见第 1.5.4 节）

现在我们使用这个模式对 MergeSort 所执行的操作进行总结。我们逐层进行处理，先固定到该递归树的第 $j$ 层。第 $j$ 层递归调用一共完成多少工作呢（不包括它们的下层递归调用所执行的工作）？通过对 MergeSort 的代码进行检查，我们可以发现它只完成 3 项工作：执行两个递归调用，并对它们返回的结果调用 Merge 子程序。因此，忽略了下层的递归调用所完成的工作之后，第 $j$ 层的子程序所完成的工作实际上就只有 Merge 所完成的工作。

从辅助结论 1.1 中，我们已经知道 Merge 最多执行 $6\ell$ 个操作，其中 $\ell$ 是该子程序的输入数组的长度。

概括上面这些信息，我们可以把第 $j$ 层的递归调用（不包括下层的递归调用）所完成的工作表达为：

$$\underbrace{\text{第}j\text{层的子问题数量}}_{=2^j}\times\underbrace{\text{每个第}j\text{层子问题完成的工作}}_{=6n/2^j}$$

根据小测验 1.2 的答案，我们知道第 1 项等于 $2^j$，每个子问题的输入长度是 $n/2^j$。取 $\ell=n/2^j$，辅助结论 1.1 提示每个第 $j$ 层子问题最多执行 $6n/2^j$ 个操作。我们可以总结如下：第 $j$ 递归层所有的递归调用所执行的操作数量最多不超过 $2^j\cdot\frac{6n}{2^j}=6n$。

引人注目的是，特定的第 $j$ 层所完成的工作居然与 $j$ 无关！也就是说，递归树的每一层所执行的操作数是相同的。这就为两个竞争因素提供了完美的平衡——子问题的数量在每一层都扩大一倍，但子问题所完成的工作量在每一层都减半。

我们感兴趣的是递归树的所有层次所执行的操作数量。根据小测验 1.2 的答案，递归树一共有 $\log_2 n+1$ 层（从第 0 层到第 $\log_2 n$ 层）。由于每一层的操作数量上界是 $6n$，我们可以把全部操作数量界定为

$$\underbrace{\text{层　数}}_{=\log_2 n+1}\times\underbrace{\text{每层的工作量}}_{\leqslant 6n}\leqslant 6n\log_2 n+6n$$

它与定理 1.2 所宣布的上界是匹配的。Q.e.d.[①]

## 关于基本操作

我们根据算法所执行的“基本操作”的数量来衡量像 MergeSort 这样的算法的运行时间。直觉上看，一个基本操作执行一个单一的任务（例如加法、比较或复制），并且只涉及少数的几个简单变量（例如 32 位整数[②]）[③]。

警告：在一些高级编程语言中，一行代码的背后可能包含大量的基本操作。例如，一行访问一个很长的数组的每个元素的代码所包含的基本操作的数量是与该数组的长度成正比的。

① “Q.e.d.”是 quod erat demonstrandum 的缩写，表示“证明完毕”。在数学著作中，它出现在证明过程的最后，表示证明已经完成。

② 这个 32 位并不表示整数的数字个数，而是它的底层实现采用 32 个二进制位。——译者注

③ 我们可以给出更精确的定义，但是并没有必要。

### 1.5.4 小测验 1.1~1.2 的答案

#### 小测验 1.1 的答案

**正确答案：**（**b**）。正确答案为 $\log_2 n$。原因是递归每深入一层，输入数组的长度缩小一半。如果第 0 层的输入长度是 $n$，第 1 层的递归调用是对长度为 $n/2$ 的数组进行操作，第 2 层的递归调用是对长度为 $n/4$ 的数组进行操作，接下来以此类推。当满足基本条件即输入数组的长度不大于 1 时，递归就到达了底部，不会再产生新的递归调用。那么，一共需要多少层的递归呢？它就是把 $n$ 不断除以 2 最终得到不大于 1 的结果时所执行的除法次数。由于 $n$ 是 2 的整数次方，所以这个层数正好就是 $\log_2 n$（如果没有 $n$ 是 2 的整数次方这个先决条件，就是 $\log_2 n$ 向上取最接近的整数）。

#### 小测验 1.2 的答案

**正确答案：**（**c**）。正确答案是在第 $j$ 层递归中共有 $2^j$ 个子问题。首先观察第 0 层，它一共只有 1 个递归调用。第 1 层一共有 2 个递归调用。由于 MergeSort 调用它自身 2 次，所以每一层的递归调用的数量是前一层的两倍。这种连续的倍增意味着在递归树的第 $j$ 层共有 $2^j$ 个子问题。类似，由于每个递归调用所接受的输入数组的长度只有前一层的一半，因此在经历了 $j$ 层递归之后，输入长度已经缩减为 $n/2^j$。或者我们可以换另一种论证方式，我们已经知道第 $j$ 层共有 $2^j$ 个子问题，原始输入数组（长度为 $n$）被均匀地划分给这些子问题，因此每个子问题所处理的正好是长度为 $n/2^j$ 的输入数组。

## 1.6 算法分析的指导原则

完成了第一个算法分析（定理 1.2 的 MergeSort）之后，现在是时候回过头来明确与运行时间的分析及其解析有关的 3 个假设了。我们将采用这 3 个假设作为合理分析算法的指导原则，并用它们来定义“快速算法”的实际含义。

这些原则的目标是确认算法分析的最佳平衡点，在准确性和易用性之间实现平衡。

要想进行准确的运行时间分析，只有那些最简单的算法才有可能。在更多的情况下，我们需要妥协。另一方面，我们并不想在倒洗澡水的时候把婴儿一起倒掉。我们仍然希望自己的数学分析能够预测一种算法在实际使用中是快速的还是缓慢的。一旦我们找到了正确的平衡，就可以为数十种基本算法提供良好的运行时间保证。这些保证将为我们绘制一幅精确的图像，让我们明白哪种算法更为快速。

## 1.6.1 第1个原则：最坏情况分析

对于每个长度为 $n$ 的输入数组，定理 1.2 中的运行时间上界 $6n\log_2 n + 6n$ 都是适用的，不管数组的内容是什么。对于输入数组，除了它的长度 $n$ 之外，我们并没有对它作其他任何假设。假想一下，如果有个充满恶念的人，他的生活目标就是编造一个恶意的输入数组，其目的是使 MergeSort 运行得尽可能地缓慢，但 $6n\log_2 n + 6n$ 这个上界仍然可以被满足。这种类型的分析称为最坏情况分析，因为它给出了一个运行时间上界。即使遇到“最坏的”输入，这个上界仍然是有效的。

在 MergeSort 的分析中考虑最坏情况是再自然不过的事情，除此之外我们还可以考虑什么呢？另一种方法是“平均情况分析”，它对一种算法的平均运行时间进行分析，它需要对不同输入的相对频率作出一些假设。例如，在排序程序中，我们可以假设所有的输入数组都是相差不大的，这样就可以研究不同排序算法的平均运行时间了。还有一种替代方法是只观察一种算法在一个较小的“基准实例”集合上的性能，这些实例被认为是具有代表性的，可以代表“典型的”或“现实世界的”输入。

了解了问题的领域知识并理解哪些输入更具代表性之后，平均情况分析和基准实例分析都是非常实用的。最坏情况分析并不需要考虑输入，它更适用于通用目的的子程序，其设计目标就是范围很广的应用领域。为了使算法的适用性更广，它们更专注于通用目的的子程序，因此一般使用最坏情况来判断算法的性能。

最坏情况分析还有一个额外的优点。相比其他分析，它通常更容易用数学方法实现。这也是我们的 MergeSort 分析很自然地采用最坏情况分析的原因，即使我们根本没有专注于最坏情况的输入。

### 1.6.2 第 2 个原则：全局分析

第 2 个和第 3 个指导原则是密切相关的。我们称第 2 个原则为全局分析（注意，它并不存在标准术语）。这个原则表示我们没必要在考虑运行时间上界时过多地关心较小的常数因子或低阶项。我们已经在 MergeSort 的分析过程中看到了这种思维：在分析 Merge 子程序的运行时间时（辅助结论 1.1），我们首先证明操作数的上限是 $4\ell+2$（其中 $\ell$ 是输出数组的长度），然后采用了更简化的上限 $6\ell$，尽管这样会导致常数因子比实际的更大。那么，为什么要采用这种粗放的常量因子表示方法呢？

**便于数学处理**。进行大局分析的第一个理由是它比那些需要确定精确的常数因子或低阶项的方法更容易进行数学处理。这个论点已经在我们对 MergeSort 的运行时间分析时得到了印证。

**常数因子往往依赖于环境**。第二个理由并不是那么显而易见，但它是非常重要的。在我们用来描述的算法（例如 MergeSort）的粒度层中，我们很容易被误导从而过于重视常数因子的准确性。例如，在对 Merge 子程序进行分析时，对于循环的每次迭代所执行的“基本操作”的数量存在歧义（4 个、5 个，还是别的数量？），对同一段伪码的不同解释可能会导致不同的常数因子。当伪码被翻译为某种特定的编程语言的具体实现并进一步转换为机器代码时，这种歧义会进一步加深。常数因子不可避免地依赖具体所使用的编程语言、特定的实现以及编译器和处理器的细节。我们的目的是把注意力集中在那些与编程语言和计算机体系结构的细节无关的算法属性上，并且这些属性并不受到运行时间上界中的较小常数因子的变化的影响。

**预测能力的损失有限**。第三个理由也是我们决定忽略常数因子的根本原因。读者可能担心忽略常数因子会导致我们迷失，误以为自己的算法很快，但在实际使用中速度却要慢很多（或者反过来误以为很慢，实际上速度还可以）。我可以告诉读者一个愉快的消息，至少对于本书所讨论的算法，这种情况是不会发生的[①]。

---

① 存在一个可能的例外，即第 6.3 节所讨论的确定性线性时间选择算法。

即使我们忽略了低阶项和常数因子，我们所进行的数学分析的定性预测能力仍然是高度精确的。当算法分析告诉我们一种算法速度较快时，它在实际使用中也是比较快速的，反过来也是如此。因此，虽然全局分析忽略了一些信息，但它保留了我们真正需要的东西：关于哪些算法较之其他算法速度更快的指导方针[①]。

### 1.6.3 第3个原则：渐进性分析

第三个也是最后一个原则是使用渐进性[②]分析，把注意力集中在当输入长度 $n$ 增长时算法的运行时间的增长率上。在我们解释 MergeSort 的运行时间上界 $6n\log_2 n+6n$（定理 1.2）时，很显然可以看到运行时间对更大输入长度的倾斜。然后，我们就可以自豪地宣布 MergeSort 比那些运行时间与输入长度的平方呈正比的更简单排序算法（例如 InsertionSort）要优越很多。但这个结论正确吗？

举一个具体的例子，假设有一种算法，它对一个长度为 $n$ 的数组进行排序时最多执行 $\frac{1}{2}n^2$ 个操作，考虑下面这个比较：

$$6n\log_2 n+6n \quad \text{vs.} \quad \frac{1}{2}n^2$$

在图 1.6（a）中观察这两个函数的表现，我们可以看到当 $n$ 较小时（不大于 90），$\frac{1}{2}n^2$ 是个更小的表达式，但是当 $n$ 较大时，$6n\log_2 n+6n$ 就是那个更小的表达式。因此，当我们表示 MergeSort 比更简单的排序算法速度更快时，实际上有个前提，就是它所处理的数据足够大量。

我们为什么更关注大量数据而不是少量数据呢？因为大量数据才是优秀算法真正的用武之地。我们可以想到的几乎所有排序方法都可以在现代计算机上瞬间完成一个长度为1000的数组的排序，此时根本不需要学习什么分治算法。

由于计算机速度肯定会变得越来越快，读者可能会疑惑所有的计算问题最终

---

① 但是，了解相关的常数因子也是非常有益的。例如，在许多程序库所提供的一个 MergeSort 高度优化的版本中，当输入数组的长度较小时（例如只有 7 个元素），它就从 MergeSort 切换为 InsertionSort（因为它的常数因子更小）。

② 渐进性这个翻译并不直观，也是犹豫很久才决定使用的。它表示算法的运行时间随着输入长度的变化而变化的速度。——译者注

是否都会变得很容易解决。事实上，计算机的速度越快，渐进性分析也就越重要。计算目标总是随着计算能力的增长而不断扩大。因此，随着时间的变迁，我们将会考虑越来越庞大的问题规模。随着输入长度的增加，具有不同的渐进性运行时间的算法之间的性能差距只会变得更大。例如，图 1.6（b）显示了当 $n$ 的值较大（但仍然不算特别巨大）时，函数 $6n\log_2 n+6n$ 和 $\frac{1}{2}n^2$ 之间的差别。当 $n=1500$ 时，它们之间的差异大致达到 10 倍。如果我们把 $n$ 的值再扩大 10 倍、100 倍甚至 1000 倍，达到非常大的问题规模，这两个函数之间的性能差别会变得更加巨大。

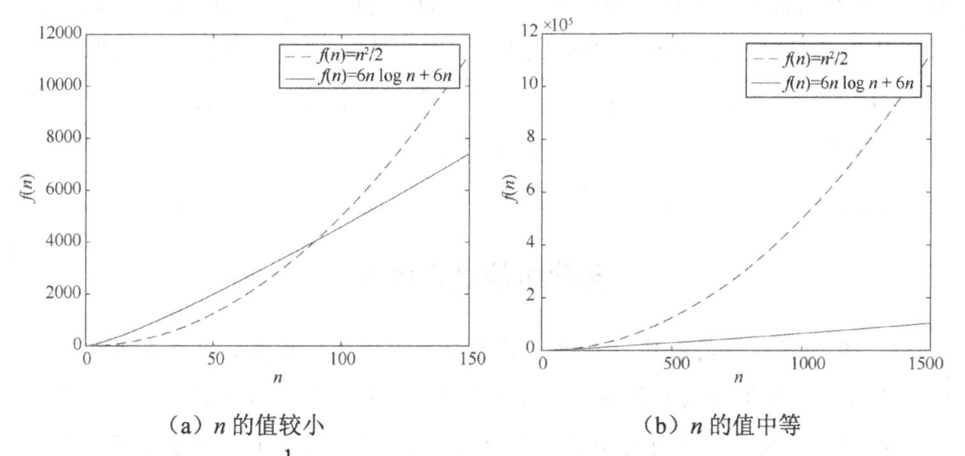


（a）$n$ 的值较小　　（b）$n$ 的值中等

图 1.6　当 $n$ 增长时，函数 $\frac{1}{2}n^2$ 的增长速度要比 $6n\log_2 n+6n$ 更快。（b）中的 $x$ 轴和 $y$ 轴的刻度分别是（a）中对应刻度的 10 倍和 100 倍

我们可以换种不同的思路来考虑渐进性分析，假设时间预算是固定的（例如一小时或一天），那么可解决的问题大小是如何随着计算能力的增加而扩大呢？如果一种算法的运行时间与输入长度成正比，当计算能力扩大为原先的 4 倍后，相同时间内可以解决的问题规模就是原先的 4 倍。如果一种算法的运行时间与输入长度的平方成正比，那么相同时间内可以解决的问题规模就只有原先的 2 倍。

## 1.6.4 什么是“快速”算法

我们的 3 个指导原则提供了“快速算法”的定义，具体如下。

“快速算法”就是指算法的最坏情况运行时间随着输入长度的增加而较慢增长。

对于第一个指导原则，我们想要保证运行时间并不需要任何领域知识为前提，这也是我们把注意力集中在算法的最坏情况运行时间的原因。第二个和第三个指导原则表示常数因子往往依赖于编程语言和计算机，并且我们感兴趣的是大型的问题，这是我们把注意力集中在算法的运行时间增长率的原因。

算法的运行时间“较慢增长”是什么意思呢？对于我们将要讨论的几乎所有问题，至高目标就是线性时间算法，即算法的运行时间与输入长度呈正比。线性时间甚至优于 MergeSort 的运行时间上界，后者是与 $n \log n$ 成正比，因此是一种温和的超线性。我们将会讨论某些问题的线性时间算法，但不会涵盖所有问题。在任何情况下，它是我们可以企及的最高目标。

### 无代价的基本算法

我们可以把具有线性或近线性运行时间的算法看成是可以在本质上“无代价”使用的基本算法，因为它所消耗的计算数量较之读取输入也多不了多少。排序是一种典型的无代价基本算法的例子，我们还会学习一些其他的无代价基本算法。如果有一种基本算法能够以令人炫目的速度解决问题，为什么不使用它呢？例如，我们总是可以在一个预处理步骤中对数据进行排序，尽管当时并不清楚这种排序是否真正有用。《算法详解》系列的目标之一就是在读者的算法工具箱中存储尽可能多的无代价基本算法，以让读者可以随时愉快地使用它们。

## 1.7 本章要点

- 算法是一组具有良好定义的规则，用于解决一些计算问题。
- 我们在小学时学习的两个 $n$ 位整数相乘算法所执行的基本操作的数量与

$n$ 的平方成正比。

- Karatsuba 乘法是一种用于整数乘法的递归算法，它使用了高斯提出的技巧，它比一种更简单的递归算法节省了一个递归调用。
- 在思考和交流算法时，经验丰富的程序员和计算机科学家使用高级描述而不是详细的实现。
- MergeSort 算法是一种“分治”算法，它把输入数组分为两个部分，采用递归的方法对每个部分进行排序，然后使用 Merge 子程序把它们的结果组合在一起。
- 忽略常数因子和低阶项，MergeSort 对 $n$ 个元素所执行的操作数量的增长类似于函数 $n \log_2 n$。我们在分析时使用递归树对所有的递归调用所完成的工作进行方便的组织。
- 由于函数 $\log_2 n$ 在 $n$ 增长时增长较缓，所以 MergeSort 在一般情况下比更简单的排序算法速度更快，后者的运行时间与输入长度的平方成正比。对于较大的 $n$，这种算法的性能提高是非常明显的。
- 算法分析的 3 个指导原则分别是：（i）最坏情况分析，这是为了提高算法的通用性，不需要对输入预设条件；（ii）全局分析，它通过忽略常数因子和低阶项实现预测能力和数学上的可实现性之间的平衡；（iii）渐进性分析，它倾向于大量输入时的算法性能，这也是真正需要精妙算法的场合。
- “快速算法”是指算法的最坏情况运行时间随着输入长度的增长而较缓慢地增长。
- “无代价基本算法”是指算法具有线性或近线性运行时间，比读取输入所需要的时间多不了多少。

## 1.8 习题

**问题 1.1** 假设我们对下面这个输入数组运行 MergeSort：

| 5 | 3 | 8 | 9 | 1 | 7 | 0 | 2 | 6 | 4 |
|---|---|---|---|---|---|---|---|---|---|

我们把目光定位到最外层的两个递归调用完成之后，但在最后的 Merge 步骤执行之前。考虑把这两个递归调用所返回的包含 5 个元素的输出数组连在一起形成一个包含 10 个元素数组，它的第 7 个数是什么？

**问题 1.2** 考虑对 MergeSort 算法进行下面的修改：把输入数组分为 3 个部分（而不是分成两半），采用递归的方式对每个部分进行排序，最终使用一个对 3 个数组进行操作的 Merge 子程序对结果进行组合。这种算法作为输入数组的长度 $n$ 的函数，它的运行时间是什么呢？读者可以忽略常数因子和低阶项。【提示：在实现 Merge 子程序时仍然可以保证操作数量与输入数组的长度呈正比。】

（a）$n$

（b）$n \log n$

（c）$n(\log n)^2$

（d）$n^2 \log n$

**问题 1.3** 假设有 $k$ 个已经排序的数组，每个数组包含 $n$ 个元素，我们需要把它们合并为一个包含 $kn$ 个元素的数组。一种方法是反复使用第 1.4.5 节的 Merge 子程序，首先合并前两个数组，接着把合并后的数组与第三个数组合并，然后再与第四个数组合并，接下来依次类推，直到合并了第 $k$ 个输入数组。这种连续的归并算法（作为 $k$ 和 $n$ 的函数）的运行时间是什么呢？忽略常数因子和低阶项。

（a）$n \log k$

（b）$nk$

（c）$nk \log k$

（d）$nk \log n$

（e）$nk^2$

（f）$n^2 k$

**问题 1.4** 再次考虑把 $k$ 个已经排序的数组归并为一个已经排序的长度为 $kn$ 的数组这个问题。这次我们所使用的算法是把 $k$ 个数组分为 $k/2$ 对数组，然后使用 Merge 子程序合并每对数组，这样就生成了 $k/2$ 个已经排序的长度为 $2n$ 的数组。这个算法重复这个过程，直到最后只剩下一个长度为 $kn$ 的已经排序的数组。这个过程（作为 $k$ 和 $n$ 的函数）的运行时间是什么？忽略常数因子和低阶项。

（a）$n \log k$

（b）$nk$

（c）$nk \log k$

（d）$nk \log n$

（e）$nk^2$

（f）$n^2k$

## 挑战题

**问题 1.5** 假设有一个包含 $n$ 个不同的数的未排序数组，其中 $n$ 是 2 的整数次方。提供一种算法，确认数组中第二大的数，最多只能使用 $n + \log_2 n - 2$ 次比较。【提示：在找到最大数之后遗留了什么信息？】

## 编程题

**问题 1.6** 用自己所擅长的语言实现 Karatsuba 整数相乘算法[①]。为了充分利用这个问题，在读者的程序中，乘法运算符只有出现在一对个位整数之间时才会调用该语言的乘法运算符。

作为一个具体的挑战，下面这两个 64 位整数相乘的乘积是什么？[②]

3141592653589793238462643383279502884197169399375105820974944592

2718281828459045235360287471352662497757247093699959574966967627

① 深入思考：如果每个整数的位数是 2 的整数次方，事情会不会变得更加简单？

② 如果读者需要获得帮助，或者想与其他读者的作业进行比较，可以访问 www.algorithmsilluminated.org 的讨论区。

# 第2章 渐进性表示法

本章所讨论的数学形式体系涵盖了算法分析的指导原则（1.6 节），其目的是寻找一种对算法进行衡量的最有效粒度。我们希望忽略不重要的细节，例如常数因子和低阶项，把注意力集中在算法的运行时间是怎样随着输入长度的增长而增长的。这项任务是通过大 $O$ 表示法（包括它的近亲表示法）的形式完成的，每个严肃的程序员和计算机科学家都应该掌握这个概念。

## 2.1 要旨

在讨论渐进性表示法的数学形式体系之前，首先要保证读者对学习这个主题具有足够的动力，对它将要实现的目标具有强烈的感觉，并且已经看到过一些简单、直观的例子。

### 2.1.1 推动力

渐进性表示法提供了讨论算法的设计与分析的基本术语。当读者听到某个程序员谈到他的某段代码以“$n$ 的大 $O$ 时间”运行而另一段代码以“$n$ 平方的大 $O$ 时间”运行时，需要能够理解其中的含义。

这个术语使用范围极为广泛，因为它确定了对算法进行衡量的“最佳有效点”。渐进性表示法是足够粗放的，它忽略了所有我们想要忽略的细节，包括那些依赖于计算机体系结构、具体选择的编程语言以及编译器等方面的细节。另一方面，它又足够精确，可以在不同的高级层次对解决某个问题的不同算法进行实用的比较，尤其是在巨大输入的情况下（输入的规模越大，就越需要精妙的算法）。例如，渐进性表示法可以帮助区分较好的排序算法和较差的排序算法、较好的整数相乘算法和较差的整数相乘算法等。

## 2.1.2 高级思维

如果询问有工作经验的程序员，让他解释渐进性表示法的要点，他可能会有类似下面的说法：

**一句话概括渐进性表示法**

$\underbrace{\text{忽略常数因子}}_{\text{过于依赖系统}}$ 和 $\underbrace{\text{低阶项}}_{\text{在输入的规模很大时无关紧要}}$

我们将会看到，除了上面的概括之外，渐进性表示法还有更多的含义，但是10年之后，读者还能记得的就只有上面这个概括，它们总结得极为精妙。

在分析算法的运行时间时，我们为什么要忽略像常数因子和低阶项这样的信息呢？根据定义，当我们把注意力集中在大规模的输入时，低阶项的作用几乎可以忽略，而大规模的输入才是需要精妙算法的时候。同时，常数因子一般高度依赖于环境的细节。如果我们在分析算法时并不想固定于某种特定的编程语言、计算机体系结构或编译器，那么使用不在意常数因子的形式体系就是非常合理的。

例如，记得当我们分析1.4节的MergeSort时，我们给出了它的运行时间上限是 $6n \log_2 n + 6n$ 个基本操作，其中 $n$ 表示输入数组的长度。这里的低阶项是 $6n$，由于 $n$ 的增长速度低于 $n \log_2 n$，因此它在渐进性表示法中就被忽略。前面的常数因子6也被忽略，这样就产生了一个更简单的表达式 $n \log n$。然后，我们就可以声称MergeSort的运行时间是“$n \log n$ 的大 $O$ 时间”，写作 $O(n \log n)$，或者说MergeSort是一种“$O(n \log n)$时间的算法”[①]。从直觉上说，对于一个函数

① 在忽略常数因子时，我们甚至不需要指定对数的底（不同对数函数的区别仅在于常数因子）。关于这方面的更多讨论，详见4.2.2节。

$f(n)$，$O(f(n))$就是忽略了常数因子和低阶项之后剩余的内容①。这种大$O$表示法根据算法的渐进性最坏情况运行时间对它们进行分组：线性（$O(n)$）、$O(n \log n)$时间算法、平方（$O(n^2)$）时间算法、常数（$O(1)$）时间算法等。

要说明一点，我并没有断定在算法设计中常数因子是完全无关紧要的。只不过当我们想对解决同一个问题的一些本质不同的方法进行比较时，渐进性表示法往往是正确的工具，它能够帮助我们理解哪种算法的性能更佳，尤其是当输入的规模非常巨大时。

当我们确定了某个问题的最佳高级算法之后，可能还想进一步优化常数因子，甚至包括低阶项。不管怎样，如果读者的业绩与某种代码的实现效率有关，那么就要想尽一切办法使它尽可能地高效。

### 2.1.3 4个例子

在本节的最后，我们讨论4个非常简单的例子。这些例子极其简单，如果读者以前对大$O$表示法稍有概念，完全可以跳到2.2节学习它的数学形式体系。但是如果读者以前从来没有接触过这些概念，这些简单的例子就是非常适合的入门材料。

第一个问题是在一个数组中搜索一个特定的整数t。我们首先分析一种最直截了当的算法，它对数组进行线性扫描，检查每个元素，观察它是否为待查找的整数t。

**搜索一个数组**

**输入：** 包含$n$个整数的数组$A$、整数t。

**输出：** $A$是否包含t。

```
for i := 1 to n do
    if A[i] = t then
        return TRUE
return FALSE
```

这段代码按顺序检查每个数组项。如果它找到了整数t就返回TRUE，如果

① 例如，$10^{100} \cdot n$从理论上说也是$O(n)$。在本书中，我们只研究忽略了相对较小的常数因子的运行时间上限。

到数组的末尾仍然没有找到 t 就返回 FALSE。

我们还没有正式定义大 $O$ 表示法的含义，但是根据到目前为止所进行的直观讨论，读者应该能够猜到上面这段代码的渐进性运行时间。

**小测验 2.1**

上面这段线性搜索一个数组的代码的渐进性运行时间（数组长度为 $n$ 的函数）是什么？

（a）$O(1)$

（b）$O(\log n)$

（c）$O(n)$

（d）$O(n^2)$

（关于正确答案和详细解释，参见第 2.1.4 节）

最后 3 个例子涉及对两个循环进行组合的不同方式。首先，我们考虑一个循环出现在另一个循环的后面。假设有两个长度均为 $n$ 的整数数组 $A$ 和 $B$，我们想要知道整数 t 是否出现在其中一个数组中。我们再次考虑最简单直接的算法，我们只搜索数组 $A$，如果无法在数组 $A$ 中找到 t 就接着搜索数组 $B$。如果在数组 $B$ 中也没有找到 t，就返回 FALSE。

**搜索两个数组**

**输入**：长度均为 $n$ 的数组 $A$ 和 $B$、整数 t。

**输出**：数组 $A$ 或 $B$ 是否包含 t。

```
for i := 1 to n do
    if A[i] = t then
        return TRUE
for i := 1 to n do
    if B[i] = t then
        return TRUE
return FALSE
```

那么，在大 $O$ 表示法中，这段更长代码的运行时间是什么呢？

**小测验 2.2**

上面这段搜索两个数组的代码的渐进性运行时间是什么（作为数组长度为 $n$ 的函数）？

（a）$O(1)$

（b）$O(\log n)$

（c）$O(n)$

（d）$O(n^2)$

（关于正确答案和详细解释，参见第 2.1.4 节）

接着，我们观察一个更为有趣的两个循环嵌套（而不是按顺序出现）的例子。假设我们想要检查两个长度为 $n$ 的数组是否包含公共数。最简单的解决方案是检查所有的可能性。也就是说，对数组 $A$ 的每个索引 $i$ 和数组 $B$ 的每个索引 $j$，我们检查 $A[i]$和 $B[j]$是否为同一个数。如果是，我们就返回 TRUE。如果检查了所有的可能性之后仍然没有发现共同的数，就可以返回 FALSE。

**检查公共元素**

**输入：** 长度均为 $n$ 的数组 $A$ 和 $B$。

**输出：** 数组 $A$ 和 $B$ 是否均包含同一个整数。

```
for i := 1 to n do
    for j := 1 to n do
        if A[i] = B[j] then
            return TRUE
return FALSE
```

问题仍然是一样的：在大 $O$ 表示法中，这段代码的运行时间是什么？

**小测验 2.3**

上面这段检查是否存在公共元素的代码的渐进性运行时间（数组长度为 $n$）是什么？

（a）$O(1)$

（b）$O(\log n)$

（c）$O(n)$

（d）$O(n^2)$

（关于正确答案和详细解释，参见第 2.1.4 节）

最后一个例子仍然涉及嵌套循环，但我们这次寻找单个数组 $A$ 中的重复元素，而不是在两个不同的数组中寻找重复元素。下面是我们将要分析的代码：

**检查重复项**

**输入：**包含 $n$ 个整数的数组 $A$。

**输出：**$A$ 是否包含了某个出现次数不止 1 次的整数。

```
for i := 1 to n do
    for j := i + 1 to n do
        if A[i] = A[j] then
            return TRUE
return FALSE
```

这段代码和前一段代码相比有两处小小的不同。第一个也是最明显的区别是它将数组 $A$ 的第 $i$ 个元素与数组 $A$ 的第 $j$ 个元素（而不是另一个数组 $B$ 的第 $j$ 个元素）进行比较。第二个更为微妙的区别是内层循环是从索引 $i+1$ 开始而不是从 1 开始。为什么不像前面这样从 1 开始？因为这样一来它在第一次迭代时就会返回 TRUE（因为很显然 $A[1] = A[1]$），而不管该数组是否包含重复项！通过跳过 $i$ 和 $j$ 相同的所有迭代就可以修正这个错误，但这种做法存在浪费：数组 $A$ 的每对元素 $A[h]$和 $A[k]$将会被比较 2 次（一次是当 $i = h$ 且 $j = k$ 时，另一次是当 $i = k$ 且 $j = h$ 时），而上面的代码仅将它们比较 1 次。

问题仍然是一样的：在大 $O$ 表示法中，这段代码的运行时间是什么？

**小测验 2.4**

上面这段检查是否存在重复元素的代码的渐进性运行时间（作为数组长度 $n$ 的函数）是什么？

（a）$O(1)$

（b）$O(\log n)$

（c）$O(n)$

（d）$O(n^2)$

（关于正确答案和详细解释，参见第 2.1.4 节）

这些基本例子应该能够为读者提供关于大 $O$ 表示法的定义及其作用的直觉感受。

接着，我们将要讨论渐进性表示法的数学发展以及一些更为有趣的算法。

## 2.1.4 小测验 2.1～2.4 的答案

### 小测验 2.1 的答案

**正确答案：**（c）。正确答案是 $O(n)$，相当于这个算法的运行时间与 $n$ 呈线性关系。为什么会这样？它所执行的准确操作数量取决于输入——目标 t 是否包含在数组 $A$ 中？如果是，它在数组中的什么位置？在最坏情况下，当 t 不在数组中时，这个算法将会执行一次不成功的搜索，扫描整个数组（经过 $n$ 次循环迭代）并返回 FALSE。关键之处在于该代码对数组的每个项执行固定数量的操作（将 $A[i]$）与 t 进行比较，把循环索引 $i$ 的值加 1 等）。这里的“固定”表示某个与 $n$ 无关的数，例如 2 或 3。在上面的代码中，这个固定值到底是多少存在争议，但不管它是什么，都可以很方便地在大 $O$ 表示法中将其忽略。类似，这段代码在循环开始之前和结束之后也执行一些固定数量的操作，不管这些固定值是什么，它们都是将被大 $O$ 表示法所忽略的低阶项。忽略了常数因子和低阶项之后，剩下的操作数量上界就是 $n$ 了，因此这段代码的渐进性运行时间是 $O(n)$。

### 小测验 2.2 的答案

**正确答案：**（c）。正确答案和前面一样是 $O(n)$，原因是它在最坏情况下（执行了不成功的搜索）所执行的操作数量是前一段代码的两倍。我们首先搜索第一个数组，然后搜索第二个数组。“2”这个额外因子只对运行时间上界的前导常数起作用，因此会在大 $O$ 表示法中被忽略。因此，这个算法和前一段代码一样，是一种具有线性时间的算法。

### 小测验 2.3 的答案

**正确答案：(d)**。这一次，正确答案发生了变化。对于这段代码，运行时间并不是 $O(n)$，而是 $O(n^2)$。（$n$ 平方的大 $O$，又称“平方时间算法”。）因此，使用这种算法时，如果把输入数组的长度乘以 10，运行时间的增长倍数将达到 100（而不是线性时间算法的倍数 10）。

为什么这段代码会产生 $O(n^2)$的运行时间呢？对于每个循环迭代（也就是对于索引 $i$ 和 $j$ 的每种选择)，这段代码也是执行固定数量的操作，它在循环之外也是执行固定数量的操作。区别在于双重循环总共有 $n^2$ 次迭代，对于 $i\in\{1, 2, \cdots, n\}$ 和 $j\in\{1, 2, \cdots, n\}$ 的每个选择，都有一次对应的循环迭代。在第一个例子中，单个 for 循环只进行了 $n$ 次迭代。在第二个例子中，由于第一个 for 循环在第二个 for 循环开始之前便已经结束，所以总共只有 $2n$ 次迭代。在这个例子中，对于外层 for 循环的 $n$ 次迭代中的每一次，都要执行内层 for 循环的 $n$ 次迭代。这就产生了总共 $n\times n=n^2$ 次迭代。

### 小测验 2.4 的答案

**正确答案：(d)**。这个问题的答案与前一个问题相同：$O(n^2)$。运行时间再次与双重循环的迭代数量成正比（每次迭代都有固定的操作数量)。因此，这里一共有多少次迭代？答案大致是 $n^2/2$。一种估算方式是注意到这段代码大致执行前面那段代码的一半工作（由于内层循环是从 $j=i+1$ 而不是 $j=1$ 开始的)，另一种估算方式是注意到$\{1, 2, \cdots, n\}$中不同索引对的子集$\{i, j\}$都只执行 1 次迭代，而这类子集的数量正好是$\binom{n}{2}=\frac{n(n-1)}{2}$个[①]。

---

① $\binom{n}{2}$的读法是“$n$ 选择 2”，有时称为二项式系数，参见小测验 3.1 的答案。

# 2.2 大 O 表示法

本节讨论大 O 表示法的正式定义。我们首先给出普通的文本定义，然后以图形的形式对它进行描绘，最后再给出它的数学定义。

## 2.2.1 文本定义

大 O 表示法所关注的是在正整数 $n = 1; 2; \cdots$上定义的函数 $T(n)$。对于我们而言，$T(n)$总是表示某个算法的最坏情况运行时间的上界，例如输入长度为 $n$ 的函数。对于一些“经典的” $f(n)$函数，例如 $n$、$n \log n$ 或 $n^2$，$T(n) = O(f(n))$这种说法表示什么意思呢？下面是它的文本定义：

**大 O 表示法（文本定义）**

$T(n) = O(f(n))$，当且仅当 $T(n)$的最终上界是 $f(n)$的一个常数积。

## 2.2.2 图形定义

图 2.1 提供了大 O 表示法定义的一种图形表现形式。X 轴对应于参数 $n$，Y 轴对应于函数的值。$T(n)$是与实线对应的函数，$f(n)$是下面的那条虚线。$T(n)$的上界并不是由 $f(n)$决定的，而是由 $f(n)$乘 3 所形成的上面那条虚线所决定的，当 $n$ 的值足够大的时候，超过 $n_0$ 这个分界点之后，它的值就会大于 $T(n)$。由于 $T(n)$实际上最终是由 $f(n)$的常数积确定上界的，所以我们可以说 $T(n) = O(f(n))$。

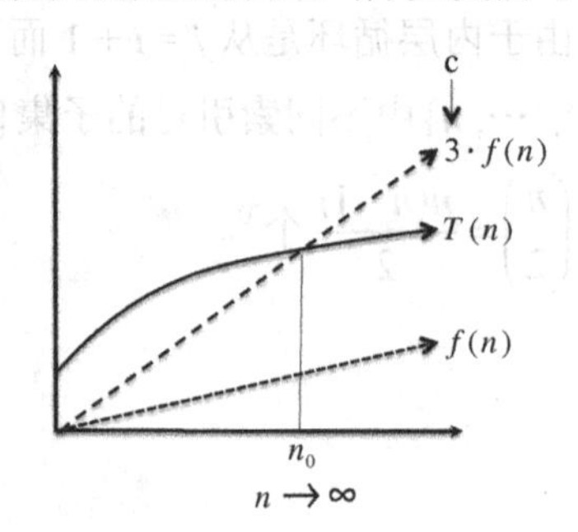


图 2.1　当 $T(n) = O(f(n))$时的图形。常数 c 满足 $f(n)$的“常数倍”，常数 $n_0$ 满足“最终”

## 2.2.3 数学定义

下面是大 $O$ 表示法的数学定义，这也是我们在正式的证明中应该使用的定义。

**大 $O$ 表示法（数学版本）**

对于所有的 $n \geqslant n_0$，当且仅当存在正常数 c 和 $n_0$，使

$$T(n) \leqslant c \cdot f(n) \tag{2.1}$$

此时 $T(n) = O(f(n))$成立。

这也是对 2.2.1 节的文本定义的直接翻译。不等式（2.1）表示 $T(n)$的上界应该由$f(n)$的一个乘积所确定（常数 c 指定了这个乘数）。

“对于所有的 $n \geqslant n_0$” 表示这个不等式只需要当 $n$ 足够大时（常数 $n_0$ 指定了具体的大小）最终能够成立。例如，在图 2.1 中，常数 c 对应于 3，而 $n_0$ 对应于函数 $T(n)$和 $c \cdot f(n)$之间的分界值。

**博弈分析视角**。如果想要证明 $T(n) = O(f(n))$，例如要证明一种算法的渐进性运行时间与输入长度呈线性关系（对应于 $f(n) = n$），我们的任务就是选择常数 c 和 $n_0$，使 $n \geqslant n_0$ 时表达式（2.1）都是成立的。我们可以从博弈分析的角度考虑这个问题，把它看成是自己和一名对手之间的竞争。我们首先动手，必须提交常数 c 和 $n_0$。对手接着进行回应，可以选择任一个大于 $n_0$ 的整数 $n$。如果不等式（2.1）成立，我们就取得胜利；如果相反的不等式 $T(n) > c \cdot f(n)$成立，对手就取得胜利。

如果 $T(n) = O(f(n))$，且存在常数 c 和 $n_0$，使表达式（2.1）对于所有的 $n \geqslant n_0$ 都成立，这样就可以为这个游戏确立获胜策略。否则，不管我们怎么选择 c 和 $n_0$，对手都可以选择一个足够更大的 $n \geqslant n_0$ 使这个不等式不成立，从而取得胜利。

**警告**

当我们表示 c 和 $n_0$ 是常数时，意思是它们并不依赖于 $n$。例如，在图 2.1 中，c 和 $n_0$ 是固定的数字（像 3 或 1000），这样我们就可以考虑当 $n$ 变得任意大时（图中向右是趋向于无限的）不等式（2.1）的情况。如果我们在一个所谓的大 $O$ 证明中看到“取 $n_0 = n$”或“取 $c = \log_2 n$”这样的说法，就应该改弦易辙，从一开始就选择与 $n$ 无关的 c 和 $n_0$。

# 2.3 两个基本例子

努力弄清楚大 $O$ 表示法的正式定义之后，我们观察两个例子。这两个例子并不会向我们提供新的知识，而是作为一种重要的合理性检查，验证大 $O$ 表示法在忽略了常数因子和低阶项之后是否能够实现它的预期目标。它们还可以作为“热身运动”，为以后讨论更有深度的例子打下基础。

## 2.3.1 $k$ 阶多项式是 $O(n^k)$

我们的第一个正式论断是如果 $T(n)$ 是个阶数为 $k$ 的多项式，则 $T(n) = O(n^k)$。

**命题 2.1** 假设

$$T(n) = a_k n^k + \cdots + a_1 n + a_0$$

其中 $k \geqslant 0$ 是个非负整数，$a_i$ 是实数（可以是正数或负数）。则 $T(n) = O(n^k)$ 成立。

命题 2.1 表示在多项式的大 $O$ 表示法中，我们需要关注的是出现在多项式中的最高阶。因此，大 $O$ 表示法确实忽略了常数因子和低阶项。

命题 2.1 的证明：为了证明这个命题，我们需要使用大 $O$ 表示法的数学定义（参见 2.2.3 节）。为了满足这个定义，我们的任务是找到一对正整数 c 和 $n_0$（均与 $n$ 无关），其中 c 用于确定常数积 $n^k$，$n_0$ 用于表示“足够大的 $n$”。为了简单同时又不失神秘，我们先假设这两个常量的值：$n_0$ 等于 1 并且 c 等于所有系数的绝对值之和[1]。

$$c = |a_k| + \cdots + |a_1| + |a_0|$$

这两个数都与 $n$ 无关。现在我们需要证明选择这两个常量能够满足定义，这意味着对于所有的 $n \geqslant n_0 = 1$，都有 $T(n) \leqslant cn^k$。

为了验证这个不等式，取一个任意正整数 $n \geqslant n_0 = 1$。我们需要 $T(n)$ 的上界序列，累计产生 $c \cdot n^k$ 的上界。首先，我们采用 $T(n)$ 的定义：

$$T(n) = a_k n^k + \cdots + a_1 n + a_0$$

如果我们取右边每个系数 $a_i$ 的绝对值，这个表达式只会变得更大。（$|a_i|$ 只可能比 $a_i$ 更大，由于 $n^i$ 是正数，$|a^i|n^i$ 只会比 $a^i n^i$ 更大。）这意味着：

$$T(n) \leqslant |a_k|n^k + \cdots + |a_1|n + |a_0|$$

为什么这个步骤很实用？既然系数是非负的，我们可以使用一种类似的技巧把 $n$ 的不同乘方转换为 $n$ 的一个公共乘方。由于 $n \geqslant 1$，对于每个 $i \in \{0, 1, 2, \cdots, k\}$，$n^k$ 只会比 $n^i$ 更大。由于 $|a_i|$ 是非负整数，所以 $|a^i|n^k$ 只会比 $|a^i|n^i$ 更大。这意味着：

$$T(n) \leqslant |a_k|n^k + \cdots + |a_1|n^k + |a_0|n^k = \underbrace{(|a_k| + \cdots + |a_1| + |a_0|)}_{=c} \cdot n^k$$

对于每个 $n \geqslant n_0 = 1$，这个不等式都是成立的，这也正是我们想要证明的结论。Q.e.d.

我们应该怎样选择常数 c 和 $n_0$ 呢？通常的方法是对它们进行逆向工程。这个过程包括对一个像上面这样的引申表达式进行检查，并在适当的时候确定常数的选择，以完成证明过程。我们将在 2.5 节看到这个方法的一些例子。

## 2.3.2 $k$ 阶多项式不是 $O(n^{k-1})$

我们的第二个例子实际上并不能算是例子：$k$ 阶多项式是 $O(n^k)$，但一般并不是 $O(n^{k-1})$。

---

① 记住，实数 $x$ 的绝对值 $|x|$ 在 $x \geqslant 0$ 时等于 $x$，在 $x < 0$ 时等于 $-x$。$|x|$ 总是非负的。

**命题 2.2** 假设$k \geqslant 1$是个正整数，并定义$T(n)=n^k$，则$T(n)$并不是$O(n^{k-1})$。

命题 2.2 表示不同阶的多项式的大 $O$ 表示法是不同的。（如果这个结论不正确，那么大 $O$ 表示法的定义就存在错误！）

命题 2.2 的证明：证明一个函数并不是另一个函数的大 $O$ 表示法的最好方法通常是反证法。在这种类型的证明中，我们先假设欲证结论的相反结论是成立的，并在这个假设的基础上执行一系列逻辑正确的步骤，最终得出一个明显错误的结论。这种自相矛盾意味着这个假设是错误的，因此我们最初想要证明的结论是正确的。

因此，假设$n^k$实际上是$O(n^{k-1})$，我们接着就可以引申出一个悖论。$n^k=O(n^{k-1})$意味着什么呢？$n^k$的上界最终是由$n^{k-1}$的一个常数乘积确定的。也就是说，存在正常数 c 和 $n_0$，对于所有的$n \geqslant n_0$，都存在：

$$n^k \leqslant c \cdot n^{k-1}$$

由于$n$是正数，我们可以从不等式的两边消去$n^{k-1}$，引申出这样一个结论：对于所有的$n \geqslant n_0$，都存在$n \leqslant c$。这个不等式断言常量 c 比每个正整数都要大，这明显是个错误的命题（可以取个简单的反例，取$n$的值为 c + 1 向上取最接近的整数）。这就说明原先的假设 $n^k = O(n^{k-1})$是错误的，从而可以得出 $n^k$不等于$O(n^{k-1})$这个结论。Q.e.d.

## 2.4 大$\Omega$和大$\Theta$表示法

到目前为止，大 $O$ 表示法是讨论算法的渐进性运行时间最重要和最常用的概念。另外还有两个与它关系密切的表示法大 $\Omega$ 和大$\Theta$表示法值得我们了解。如果大 $O$ 可以类比为“小于或等于（≤）”，那么大 $\Omega$ 和大$\Theta$表示法分别可以类比为“大于或等于（≥）”和“等于（=）”。接下来我们更精确地讨论它们的概念。

### 2.4.1 大$\Omega$表示法

大 $\Omega$ 表示法的正式定义与大 $O$ 表示法是平行的。按照文本描述的形式：当且仅当 $T(n)$的下界是由$f(n)$的一个常数乘积所确定的时，$T(n)$就是另一个函数$f(n)$

的大 Ω。在这种情况下，可以写成 $T(n) = \Omega(f(n))$。

和以前一样，我们使用两个常数 c 和 $n_0$ 来量化“常数乘积”和“最终”。

**大 Ω 表示法（数学版本）**

$T(n) = \Omega(f(n))$ 当且仅当存在正整数 c 和 $n_0$，对于所有的 $n \geqslant n_0$，满足 $T(n) \geqslant c \cdot f(n)$。

我们可以想象，对应的图形表现形式如图 2.2 所示。

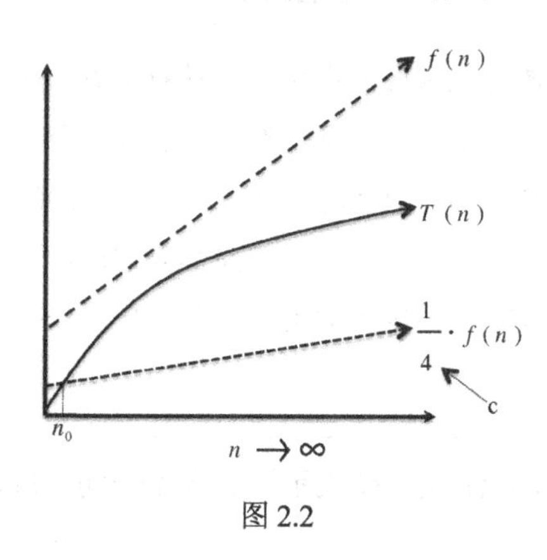


图 2.2

$T(n)$对应用实线表示的函数。函数 $f(n)$是上面那条虚线。这个函数并没有确定 $T(n)$的下界。但是，如果把它乘以常数 $c = \frac{1}{4}$，其结果（下面那条虚线）就是在临界点 $n_0$ 的右边确定了 $T(n)$的下界。因此 $T(n) = \Omega(f(n))$。

## 2.4.2 大Θ表示法

大Θ表示法也可简称为Θ表示法，可以类比为“等于”。$T(n) = \Theta(f(n))$等于同时满足 $T(n) = \Omega(f(n))$和 $T(n) = O(f(n))$。相当于 $T(n)$最终被夹在 $f(n)$的两个不同的常数乘积之间[①]。

① 证明这个相等性就相当于表示这个定义的一个版本在当且仅当该定义的另一个版本成立时才成立。如果 $T(n) = \Theta(f(n))$对应于第二个定义，则常数 $c_2$ 和 $n_0$ 证明 $T(n) = O(f(n))$，同时常数 $c_1$ 和 $n_0$ 能证明 $T(n) = \Omega(f(n))$。换种思路，假设我们可以使用常数 $c_2$ 和 $n'_0$ 证明 $T(n) = O(f(n))$，并使用常数 $c_1$ 和 $n''_0$ 证明 $T(n) = \Omega(f(n))$，那么 $T(n) = \Theta(f(n))$从这种意义上说就是第二种定义，使用的常数是 $c_1$、$c_2$ 和 $n_0$，且 $n_0 = \max(n'_0, n''_0)$。

**大Θ表示法（数学版本）**

$T(n) = \Theta(f(n))$ 当且仅当存在正整数 $c_1$、$c_2$ 和 $n_0$，对于所有的 $n \geqslant n_0$，满足

$$c_1 f(n) \leqslant T(n) \leqslant c_2 \cdot f(n)$$

**注意**

算法设计师在使用大Θ表示法会更为精确的场合也常常使用大 $O$ 表示法。本书将遵循这个传统。例如，考虑一个对一个长度为 $n$ 的数组进行扫描的子程序，对数组的每个元素执行固定数量的操作（例如1.4.5节的Merge子程序）。这种子程序的运行时间显然是 $\Theta(n)$，但是我们常常用 $O(n)$ 来表示。这是因为算法设计师通常关注上界，只要保证算法大概在多长时间能够完成就可以了。

下一个小测验检查读者对大 $O$ 表示法、大 Ω 表示法和大Θ表示法的理解。

**小测验 2.5**

假设 $T(n) = \frac{1}{2}n^2 + 3n$，下面哪些说法是正确的。（正确的答案可能不止一个）

（a）$T(n) = O(n)$

（b）$T(n) = \Omega(n)$

（c）$T(n) = \Theta(n^2)$

（d）$T(n) = O(n^3)$

（关于正确答案和详细解释，参见第2.4.5节）

## 2.4.3 小 $O$ 表示法

我们最后再讨论一种渐进性表示法：小 $O$ 表示法，这也是我们常见的。如果

说大 $O$ 表示法可以类比为"小于或等于"，小 $O$ 表示法可以类比为"严格小于"[①]。

**小 O 表示法（数学版本）**

$T(n)=o(f(n))$，当且仅当对于每个正常数 $c>0$，都存在一个 $n_0$，使

$$T(n)\leqslant c\cdot f(n) \tag{2.2}$$

对于所有的 $n\geqslant n_0$ 都成立。

证明一个函数是另一个函数的大 $O$ 只要求两个常量 c 和 $n_0$，一旦确定了选择就适用于所有情况。为了证明一个函数是另一个函数的小 $O$，我们需要的证明更加严格。对于每个常数 c，不管它有多小，$T(n)$最终是由常数积 $c\cdot f(n)$ 确定上界的。注意用于对"最终"进行量化所选择的 $n_0$ 依赖于 c（而不是 $n$!），更小的常数 c 一般要求更大的常数 $n_0$。

例如，对于每个正整数 $k$，$n^{k-1}=o(n^k)$。[②]

## 2.4.4 渐进性表示法的来源

渐进性表示法并不是由计算机科学家发明的，它在 20 世纪之初就开始用于数论。

算法形式分析的教父 Donald E. Knuth 建议将渐近性表示法作为讨论增长率的标准语言，尤其在分析算法运行时间的时候。

> "建立在这里所讨论问题的基础上，我建议 SIGACT[③]的成员以及计算机科学和数学期刊的编辑采用上面所定义的 $O$、$\Omega$、$\Theta$表示法，除非很快出现一种更为合理的替代方案。"[④]

---

① 类似，还存在可以类比为"严格大于"的小 $\Omega$ 表示法，但它基本没有使用价值。另外，不存在所谓的"小$\Theta$"表示法。

② 对这个结论的证明如下：取一任意常数 $c>0$，并取 $n_0=\frac{1}{c}$ 向上取最接近的整数。因此，对于所有的 $n\geqslant n_0$，$n_0\cdot n^{k-1}\leqslant n^k$，因此按照要求存在 $n^{k-1}\leqslant\frac{1}{n_0}\cdot n^k\leqslant c\cdot n^k$。

③ SIGACT 是 ACM（美国计算机协会）的一个特别兴趣小组，它关注理论计算机科学，尤其是算法的分析。

④ Donald E. Knuth，*Big Omicron and Big Omega and Big Theta*，*SIGACT News*，1976 年 4～6 月，P23，重印于 *Selected Papers on Analysis of Algorithms*（语言和信息研究中心，2000 年）。

### 2.4.5 小测验2.5的答案

**正确答案（b）、（c）、（d）**。最后 3 个选项都是正确的，仅凭直觉就能很清楚地知道原因。$T(n)$是个平方时间的函数。线性项 $3n$ 对于很大的 $n$ 基本没有意义，因此我们可以期望答案（c）$T(n)=\Theta(n^2)$是成立的。这个结论很自然地让我们推导出 $T(n)=\Omega(n^2)$，因此答案（b）$T(n)=\Omega(n)$也是成立的。注意 $\Omega(n)$作为 $T(n)$的下界看上去并不直观，但它却是合法的下界。类似，$T(n)=\Theta(n^2)$提示了 $T(n)=O(n^2)$，因此答案（d）$T(n)=O(n^3)$也是成立的。

正式证明这些声明最终可以归结为选择适当的常数以满足定义。例如，取 $n_0=1$ 和 c=12 可以证明（b）。取 $n_0=1$ 和 c=4 可以证明（d）。把这些常数（$n_0=1$, $c_1=12$, $c_2=4$）组合在一起可以证明（c）。命题 2.2 的证明中的论据可以正式证明（a）并不是正确的答案。

## 2.5 其他例子

本节适用于希望对渐进性表示法进行更多实践的读者。其他读者也可以跳过这 3 个额外的例子，直接阅读第 3 章。

### 2.5.1 在指数中添加一个常数

首先是证明一个函数是另一个函数的大 $O$ 时间的另一个例子。

**命题 2.3** 如果 $T(n)=2^{n+10}$，则 $T(n)=O(2^n)$。

也就是说，一个指数函数的指数与一个常数相加并不会改变这个函数的渐进性时间增长率。

命题 2.3 的证明：为了满足大 $O$ 表示法的数学定义（2.2.3 节），我们只需要提供一对合适的正常数 c 和 $n_0$（它们均与 $n$ 无关），使得对于所有的 $n \geqslant n_0$，$T(n)$的最大值为 $c \cdot 2^n$。在命题 2.1 的证明中，我们简单地直接取这两个常数，现在让我们对它们进行反向工程。

我们寻找一种推导形式，它的左端以 $T(n)$开始，然后是一系列越来越大的数，最终结果是 $2^n$ 的一个常数倍。这种推导形式是怎么开始的？指数中的“10”令人烦恼，因此第一个步骤很自然就是将它分离出去：

$$T(n)=2^{n+10}=2^{10}\cdot 2^n=1024\cdot 2^n$$

现在我们就处于良好的状态，右端是 $2^n$ 常数倍，这种推导形式提示我们应该取 c=1024。假设选择这个 c，那么对于所有的 $n\geqslant 1$，均有 $T(n)\leqslant c\cdot 2^n$。因此，我们简单地取 $n_0=1$。这一对常数证明了 $T(n)$确实是 $O(2^n)$。Q.e.d.

## 2.5.2 指数乘以一个常数

接下来是另一个非实际的例子，显示了一个函数是另一个函数的非大 $O$ 时间。

**命题 2.4** 如果 $T(n)=2^{10n}$，则 $T(n)$不是 $O(2^n)$。

也就是说，把一个指数函数的指数与一个常数相乘改变了它的渐进性增长率。

命题 2.4 的证明：和命题 2.2 一样，证明一个函数并不是另一个函数的大 $O$ 时间可以用反证法来完成。因此，我们先假设该命题的相反结论是正确的，即 $T(n)$确实是 $O(2^n)$。根据大 $O$ 表示法的定义，这意味着存在正常数 c 和 $n_0$，对于所有的 $n\geqslant n_0$，均有 $2^{10n}\leqslant c\cdot 2^n$。由于 $2^n$ 是个正数，所以我们可以从这个不等式的两端约去这个数，得出结论：对于所有的 $n\geqslant n_0$，均有 $2^{9n}\leqslant c$。但是，这个不等式很明显是错误的：右端是个固定的常数（与 $n$ 无关），而左端随着 $n$ 的增长而无限增长。这就说明我们的假设 $T(n)=O(2^n)$是不正确的，因此可以得出结论 $2^{10n}$ 并不是 $O(2^n)$。Q.e.d.

## 2.5.3 最大值 vs.和

我们的最后一个例子使用大$\Theta$表示法（第 2.4.2 节），即“等于”的渐进性版本。这个例子从渐进性的角度显示了取两个非负函数的逐点最大值与取它们的和并没有差别。

**命题 2.5** 如果 $f$ 和 $g$ 表示从正整数到非负实数的函数，并定义：

若对于每个 $n \geqslant 1$，均有 $T(n) = \max\{f(n), g(n)\}$，则 $T(n) = \Theta(f(n) + g(n))$。

命题2.5的一个结果是如果一个函数所执行的 $O(f(n))$ 时间的子程序的次数是常数级的（即与 $n$ 无关），那么它的运行时间也是 $O(f(n))$。

命题 2.5 的证明：记得，$T(n) = \Theta(f(n))$ 表示 $T(n)$ 最终位于 $f(n)$ 的两个不同常数倍之间。准确起见，我们需要展示 3 个常数：通常的常数 $n_0$、常数 $c_1$ 和 $c_2$，后两者对应于 $f(n)$ 的较小倍数和较大倍数。下面我们对这几个常数的值进行反向工程。

考虑一个任意的正整数 $n$，存在下面的关系：

$$\max\{f(n), g(n)\} \leqslant f(n) + g(n);$$

因为不等式的右边就是不等式的左边加上一个非负的数（$f(n)$ 和 $g(n)$ 中较小的那个）。类似，

$$2 \cdot \max\{f(n), g(n)\} \geqslant f(n) + g(n);$$

因为不等式的左边是 $f(n)$ 和 $g(n)$ 中较大那个的两倍，而右边则是 $f(n)$ 和 $g(n)$ 各一份。把这两个不等式合并在一起，可以得到下面的结果。对于每个 $n \geqslant 1$，

$$\frac{1}{2}(f(n) + g(n)) \leqslant \max\{f(n), g(n)\} \leqslant f(n) + g(n) \qquad (2.3)$$

因此，$\max\{f(n), g(n)\}$ 确实位于 $f(n) + g(n)$ 的两个不同倍数之间。从形式上说，选择 $n_0 = 1$、$c_1 = 1/2$ 和 $c_2 = 1$ 显示了 $\max\{f(n), g(n)\} = \theta(f(n) + g(n))$（根据（2.3））。Q.e.d.

## 2.6 本章要点

- 渐进性表示法的目的是忽略常数因子（过于依赖系统）和低阶项（对于很大的输入意义不大）。
- 如果函数 $T(n)$ 最终（对于足够大的 $n$）可以由 $f(n)$ 的一个常数积确定上界，

它就称为$f(n)$的大$O$，写作“$T(n) = O(f(n))$” 。也就是说，存在正常数c和$n_0$，使得对于所有的$n \geqslant n_0$，都满足$T(n) \leqslant c \cdot f(n)$。

- 如果函数$T(n)$最终可以由$f(n)$的一个常数积确定下界，它就称为$f(n)$的大$\Omega$，写作“$T(n) = \Omega(f(n))$”。
- 如果函数$T(n)=O(f(n))$并且$T(n)=\Omega(f(n))$，它就称为$f(n)$的大$\Theta$，写作“$T(n) =\Theta(f(n))$”。
- 大$O$可以类比为“小于或等于”，大$\Omega$可以类比为“大于或等于”，大$\Theta$可以类比为“等于”。

## 2.7 习题

**问题 2.1** 假设$f$和$g$是在正整数上所定义的非递减的实数值函数。对于所有的$n \geqslant 1$，$f(n)$和$g(n)$的值至少为1。假设$f(n)=O(g(n))$并且c是个正常数。下面这个式子是否成立？

$$f(n)\cdot \log_2(f(n)^c) = O(g(n)\cdot \log_2(g(n)))$$

（a）是的，对于所有的$f$、$g$、c都成立。

（b）肯定不成立，不论$f$、$g$、c取何值。

（c）有时候成立，有时候不成立 ，取决于常数c的值。

（d）有时候成立，有时候不成立 ，取决于函数$f$和$g$。

**问题 2.2** 再次假设两个正的非递减的函数$f$和$g$，使$f(n) = O(g(n))$，$2^{f(n)} = O(2^{g(n)})$是否成立？（正确答案可能不止一个，请选择所有正确的答案。）

（a）是的，对于所有的$f$、$g$都成立。

（b）肯定不成立，不管$f$、$g$是怎么样的。

（c）有时候成立，有时候不成立，取决于函数$f$和$g$。

（d）对于所有足够大的$n$，只要$f(n) \leqslant g(n)$，这个式子都成立。

**问题 2.3** 按照增长率的速度排列下面这些函数。当且仅当 $f(n)=O(g(n))$，$g(n)$出现在$f(n)$的后面。

（a）$\sqrt{n}$

（b）$10^n$

（c）$n^{1.5}$

（d）$2^{\sqrt{\log_2 n}}$

（e）$n^{5/3}$

**问题 2.4** 按照增长率的速度排列下面这些函数。当且仅当 $f(n)=O(g(n))$，$g(n)$出现在$f(n)$的后面。

（a）$n^2 \log_2 n$

（b）$2^n$

（c）$2^{2^n}$

（d）$n^{\log_2 n}$

（e）$n^2$

**问题 2.5** 按照增长率的速度排列下面这些函数。当且仅当 $f(n)=O(g(n))$，$g(n)$出现在$f(n)$的后面。

（a）$2^{\log_2 n}$

（b）$2^{2^{\log_2 n}}$

（c）$n^{5/2}$

（d）$2^{n^2}$

（e）$n^2 \log_2 n$

# 第3章

# 分治算法

本章通过讲解 3 个基本问题的应用，提供了分治算法设计范式的实践。第一个例子是对数组中的逆序对进行计数的算法（第 3.2 节）。这个问题与测量两个有序列表的相似性有关，适用于根据自己的知识向其他人按照他们的偏好提供优质的推荐（称为“协同筛选”）。第二个分治算法的例子是 Strassen 所发明的令人兴奋的矩阵相乘递归算法，它与迭代方法（第 3.3 节）相比，性能提升非常明显。第三个算法属于高级的选修知识，用于解决计算几何学的一个基本问题：计算平面上最近的点对（第 3.4 节）。[①]

## 3.1 分治法规范

我们已经看过分治算法的一个经典例子：MergeSort（第 1.4 节）。概括地说，分治算法设计范式一般具有 3 个概念步骤。

**分治范式**

1. 把输入划分为更小的子问题。

① 第 3.2 节和第 3.4 节的表现形式的灵感来自 Jon Kleinberg 和 Éva Tardos 所著的 *Algorithm Design*（Pearson, 2005）第 5 章。

2. 递归地治理子问题。

3. 把子问题的解决方案组合在一起，形成原始问题的解决方案。

例如，在 MergeSort 中，“划分”步骤把输入数组分成左半部分和右半部分，“治理”步骤是由 Merge 子程序（第 1.4.5 节）所实现的。在 MergeSort 和许多其他算法中，需要用到巧妙思维的时机正是在这最后一步。也有些分治算法的巧妙之处出现在第一个步骤（参见第 5 章的 QuickSort）或者出现在递归调用的规格说明中（参见第 3.2 节）。

# 3.2 以 $O(n \log n)$时间计数逆序对

## 3.2.1 问题

本节研究对一个数组中的逆序对计数的问题。所谓数组的逆序对，就是指一对元素“乱了序”，也就是出现在数组较前位置的元素比出现在较后位置的元素更大。

**问题：对逆序对进行计数**

**输入：** 一个包含不同整数的数组 $A$。

**输出：** $A$ 中的逆序对数量，即数组中符合 $i<j$ 并且 $A[i]>A[j]$的$(i, j)$对的数量。

例如，已经排序的数组 $A$ 没有任何逆序对。反过来的说法也是对的，未排序的数组至少有 1 对逆序对。

## 3.2.2 一个例子

考虑下面这个长度为 6 的数组：

| 1 | 3 | 5 | 2 | 4 | 6 |
|---|---|---|---|---|---|

这个数组有几个逆序对呢？显而易见的一个例子就是 5 和 2(分别对应于 $i$=3 和 $j$=4)。这个数组还有另外 2 对逆序对：3 和 2 以及 5 和 4。

**小测验 3.1**

包含 6 个元素的数组最多可能出现几对逆序对？

（a）15

（b）21

（c）36

（d）64

（关于正确答案和详细解释，参见第 3.2.13 节）

## 3.2.3 协同筛选

为什么需要对数组中的逆序对进行计数呢？一个原因是想要计算一种数值相似度，该数值相似度用于对两个已排序列表之间的相似程度进行量化。例如，读者邀请一位朋友一起对两人都看过的 10 部电影按照从最喜欢到最不喜欢的顺序进行排列。怎么衡量两人的选择是“相似”或“不同”呢？解决这个问题的一种量化方法是通过一个包含 10 个元素的数组 $A$：$A[1]$表示读者的朋友从电影列表中所选择的最喜欢的电影，$A[2]$表示他其次喜欢的电影，以此类推，$A[10]$表示他最不喜欢的电影。这样，如果读者最喜欢的电影是《星球大战》，而这部电影在读者朋友的列表中只是出现在第 5 位，那么 $A[1] = 5$。如果两人的排序是相同的，这个数组就是已经排序的，不存在逆序对。这个数组包含的逆序对越多，读者和朋友之间对电影评价的分歧就越多，对电影的偏好也更加不同。

对已排序列表进行相似性测量的一个原因是进行协同筛选，这是一种用于生成推荐方案的方法。网站怎么推出关于产品、电影、歌曲、新闻故事等内容的建议呢？在协同筛选中，其思路是寻找其他具有相似偏好的用户，然后推荐他们所喜欢的内容。因此协同筛选需要用户之间“相似性”的形式定义，而计算逆序对能够捕捉到这个问题的一些本质。

## 3.2.4 穷举搜索法

计算数组的逆序对数量的速度有多快？如果对此缺乏概念，那可以尝试使用穷举搜索法。

**用穷举搜索法对逆序对进行计数**

**输入：** 包含 $n$ 个不同整数的数组 $A$。

**输出：** $A$ 中逆序对的数量。

```
numInv := 0
for i := 1 to n - 1 do
    for j := i + 1 to n do
        if A[i] > A[j] then
            numInv := numInv + 1
return numInv
```

显然，这是一种正确的算法。它的运行时间是什么？根据小测验 3.1 的答案，我们知道循环的迭代次数与输入数组的长度 $n$ 的平方成正比。由于这种算法每次迭代时执行的操作数量是常数级的，因此它的渐进性运行时间是 $\Theta(n^2)$。记住，经验丰富的算法设计师的座右铭是："还能做得更好吗？"

### 3.2.5 分治法

答案是肯定的，解决方案是运行时间为 $O(n \log n)$ 的分治算法，它的性能较之穷举搜索法有了很大的提高。它的"划分"步骤和 MergeSort 算法的完全一样，一个递归调用作用于数组的左半边，另一个递归调用作用于数组的右半边。为了理解这两个递归调用之外所需要完成的剩余工作，我们把一个长度为 $n$ 的数组 $A$ 中的逆序对 $(i, j)$ 分为 3 类。

（1）左逆序对：逆序对的 $i$ 和 $j$ 都位于数组的左半部分（即 $i, j \leqslant \frac{1}{2}n$）。

（2）右逆序对：逆序对的 $i$ 和 $j$ 都位于数组的右半部分（即 $i, j > \frac{1}{2}n$）。

（3）分离逆序列：逆序对的 $i$ 位于数组的左半部分，$j$ 位于数组的右半部分（即 $i \leqslant \frac{n}{2} < j$）。

例如，在第 3.2.2 节的那个 6 元素数组例子中，3 个逆序对都是分离逆序对。

第1个递归调用作用于输入数组的左半部分，它采用递归的方式对左逆序对进行计数（没有其他任何操作）。类似，第2个递归调用对所有的右逆序对进行计数。剩余的任务是对那些并没有被这两个递归调用所计数的逆序对（即分离逆序对）进行计数。这是这个算法的“组合”步骤，我们需要为它实现一种特殊的线性时间的子程序，类似于MergeSort算法中的Merge子程序。

## 3.2.6 高级算法

我们的分治算法可以翻译为下面的伪码，用于计数分离逆序对的CountSplitInv子程序目前还没有实现。

**CountInv**

**输入**：包含$n$个不同整数的数组$A$。

**输出**：$A$中逆序对的数量。

```
if n = 0 or n = 1 then // 基本条件
    return 0
else
    leftInv := CountInv(first half of A)
    rightInv := CountInv(second half of A)
    splitInv := CountSplitInv(A)
    return leftInv + rightInv + splitInv
```

第一个和第二个递归调用分别对左逆序对和右逆序对进行计数。假如CountSplitInv子程序可以正确地对分离逆序对进行计数，CountInv就可以正确地计算逆序对的总数。

## 3.2.7 关键思路：站在MergeSort的肩膀上

要想使对数组的分离逆序对进行计数的算法具有线性运行时间是个很有雄心的目标。分离逆序对的数量可能很多：如果$A$按顺序包含了$\frac{n}{2}+1,\cdots,n$，然后按顺序又包含了$1,2,\cdots,\frac{n}{2}$，那么一共就有$\frac{n^2}{4}$个分离逆序对。我们怎么才能在线性工作时间内完成平方级数量的工作呢？

思路就是在设计递归式计数逆序对的算法时站在 MergeSort 算法的肩膀之上。它除了递归调用之外还需要完成一些任务，才能更方便地计数分离逆序对的数量①。每个递归调用不仅负责对指定部分的数组中的逆序对进行计数，而且要返回该数组的排序版本。我们已经知道（通过定理 1.2）排序是一种可以尽情使用的基本操作，其运行时间为 $O(n \log n)$。因此，如果我们所争取的运行时间上限为 $O(n \log n)$，那么有什么理由不进行排序呢？我们很快就会看到，对两个已经排序的子数组进行归并这个任务简直就是为对数组中的分离逆序对进行计数这个任务量身定做的。

下面是第 3.2.6 节的伪码经过修订的版本，它在计数的同时还对数组进行排序。

**Sort-and-CountInv**

**输入**：包含 $n$ 个不同整数的数组 $A$。

**输出**：包含与 $A$ 中相同整数的、已经排序的数组 $B$，以及数组 $A$ 中的逆序对的数量。

```
if n = 0 or n = 1 then // 基本条件
    return (A; 0)
else
    (C; leftInv) := Sort-and-CountInv(first half of A)
    (D; rightInv) := Sort-and-CountInv(second half of A)
    (B; splitInv) := Merge-and-CountSplitInv(C;D)

    return (B; leftInv + rightInv + splitInv)
```

我们仍然需要实现 Merge-and-CountSplitInv 子程序。我们知道如何用线性时间对两个已经排序的列表进行归并，但是怎么才能利用这个成果对分离逆序对进行计数呢？

### 3.2.8 重温 Merge

为了观察为什么合并已经排序的数组可以自然地发现分离逆序对，我们重新回顾一下 Merge 子程序的伪码。

---

① 类似，有时候在强化了归纳假设之后，归纳证明会变得更加容易。

**Merge**

**输入**：已经排序的数组 $C$ 和 $D$（长度分别为 $n/2$）。

**输出**：已经排序的数组 $B$（长度为 $n$）。

用于简化问题的先决条件：$n$ 是偶数。

```
i := 1, j := 1
for k := 1 to n do
    if C[i] < D[j] then
        B[k] := C[i], i := i + 1
    else                              // D[j] < C[i]
        B[k] := D[j], j := j + 1
```

重温一下，Merge 子程序根据索引平行地（用 $i$ 访问 $C$，用 $j$ 访问 $D$）访问每个已经排序的子数组，并按从左向右的排序顺序生成输出数组 $B$（使用索引 $k$）。

在循环的每次迭代中，这个子程序寻找目前为止尚未被复制到 $B$ 中的最小元素。由于 $C$ 和 $D$ 都已经排序，所以 $C[i]$和 $D[j]$之前的所有元素都已经被复制到 $B$ 中，仅有的两个候选元素就是 $C[i]$和 $D[j]$。Merge 子程序判断这两个元素哪个更小，并把它复制到输出数组的下一个位置。

如果需要计算分离逆序对的数量，Merge 子程序需要做些什么呢？我们首先讨论一种特殊的情况，就是数组 $A$ 中不包含任何分离逆序对，$A$ 中的每个逆序对要么是左逆序对，要么是右逆序对。

**小测验 3.2**

假设输入数组 $A$ 不存在分离逆序对，那么已经排序的子数组 $C$ 和 $D$ 之间存在什么关系？

（a）$C$ 包含 $A$ 中最小的元素，$D$ 包含第二小的，$C$ 包含第三小的，依次类推。

（b）$C$ 的所有元素都小于 $D$ 的任何元素。

（c）$C$ 的所有元素都大于 $D$ 的任何元素。

（d）没有足够的信息可以回答这个问题。

（关于正确答案和详细解释，参见第 3.2.13 节）

在解决了小测验 3.2 之后，我们可以看到 Merge 在数组不存在分离逆序对时会执行一些特别无聊的操作。由于 $C$ 的每个元素都小于 $D$ 的每个元素，所以最小的元素总是出现在 $C$ 中（除非 $C$ 中不再剩下任何元素）。因此 Merge 子程序只是把 $C$ 和 $D$ 连接在一起，它首先复制 $C$ 的所有元素，然后复制 $D$ 的所有元素。这是不是意味着当 $D$ 的一个元素被复制到输出数组时，分离逆序对与 $C$ 中剩余元素的数量有关呢？

## 3.2.9 Merge 和分离逆序对

为了进一步证明自己的直觉，我们考虑对一个包含 6 个元素的数组 $A=\{1, 3, 5, 2, 4, 6\}$（来自第 3.2.2 节）运行 MergeSort 算法，参见图 3.1。这个数组的左半部分和右半部分都已经排序，因此不存在左逆序对和右逆序对，两个递归调用都返回 0。在 Merge 子程序的第 1 次迭代时，$C$ 的第 1 个元素（1）被复制到 $B$。此时没有任何与分离逆序对有关的信息，事实上这个元素也与分离逆序对没有任何关系。但是，在第 2 次迭代时，“2”被复制到输出数组中，但此时 $C$ 中仍然剩下元素 3 和 5。这就说明了 $A$ 中有 2 个分离逆序对，也就是与 2 相关联的两个逆序对。在第 3 次迭代时，3 从 $C$ 被复制到 $B$，此时没有其他分离逆序对与这个元素有关。当 4 从 $D$ 被复制到 $B$ 时，数组 $C$ 中仍然还有一个元素 5，提示 $A$ 中还有第 3 个也就是最后一个分离逆序对（元素 5 和元素 2）。

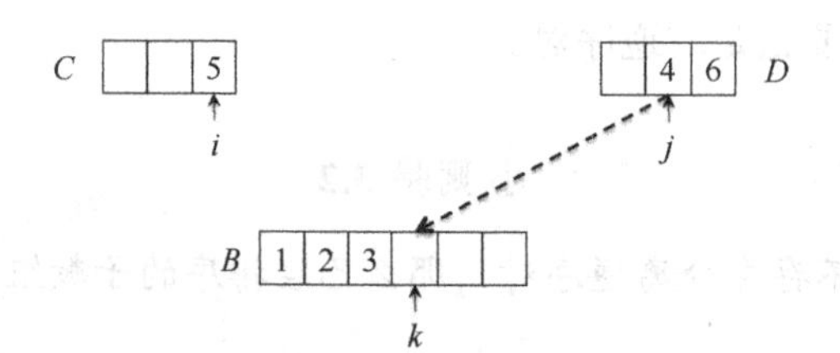


图 3.1 Merge 子程序的第 4 次迭代面对的是已经排序的子数组{1, 3, 5}和{2, 4, 6}。从 $D$ 复制元素“4”，此时“5”仍然留在 $C$ 中，显示了与这两个元素相关的分离逆序对

下面这个辅助结论表示上面这个例子的模式可以推及到一般情况：在 Merge 子程序把第 2 个子数组 $D$ 中的元素 $y$ 复制到输出数组的当次迭代时，与 $y$ 有关的分离逆序对的数量就是此时 $C$ 中仍然剩余的元素的数量。

**辅助结论 3.1** 假设 $A$ 是个数组，$C$ 和 $D$ 分别是该数组左半部分和右半部分已经排序的子数组。$A$ 中左半部分的元素 $x$ 和 $A$ 中右半部分的元素 $y$ 当且仅当下面这种情况成立时才能构成一对逆序对：在 Merge 子程序中输入 $C$ 和 $D$，$y$ 在 $x$ 之前被复制到输出数组。

证明：由于输出数组是按从左向右的顺序生成的，因此 $x$ 或 $y$ 中较小的那个先被复制。由于 $x$ 位于 $A$ 的左半部分，$y$ 位于右半部分，因此当且仅当 $x>y$ 时 $x$ 和 $y$ 才会构成一对逆序对，也就是当且仅当 $y$ 在 $x$ 之前被复制到输出数组中时 $x$ 和 $y$ 才会构成一对逆序对。Q.e.d.

## 3.2.10 Merge_and_CountSplitInv

根据辅助结论 3.1 所提供的结论，我们可以对 Merge 的实现进行扩展，实现 Merge-and-CountSplitInv。

我们用一个变量记录分离逆序对的当前计数，每次当一个元素从右半部分的子数组 $D$ 复制到输出数组 $B$ 时，就把当前计数加上左半部分的子数组 $C$ 中仍然剩余的元素数量。

**Merge-and-CountSplitInv**

**输入：** 已经排序的数组 $C$ 和 $D$（长度均为 $n/2$）。

**输出：** 已经排序的数组 $B$（长度为 $n$）以及分离逆序对的数量。

**用于简化问题的先决条件：** $n$ 是偶数。

```
i := 1, j := 1, splitInv := 0
for k := 1 to n do
    if C[i] < D[j] then
        B[k] := C[i], i := i + 1
    else                                    // D[j] < C[i]
        B[k] := D[j], j := j + 1
        splitInv := splitInv + (n/2-i + 1)
                              #C 中剩余元素的数量
return (B; splitInv)
```

## 3.2.11 正确性

Merge-and-CountSplitInv 的正确性是由辅助结论 3.1 所保证的。每个分离逆序对只涉及第 2 个子数组中的 1 个元素，并且当 $y$ 被复制到输出数组时，这个逆序对正好被计数 1 次。整个 Sort-and-CountInv 算法（第 3.2.7 节）的正确性取决于下面的条件是否都得到满足：第 1 个递归调用正确地计算左逆序对的数量，第 2 个递归调用正确地计算右逆序对的数量，Merge-and- CountSplitInv 返回剩余逆序对（分离逆序对）的正确数量。

## 3.2.12 运行时间

我们还可以借助前面已经完成的 MergeSort 算法运行时间的分析，对 Sort-and-CountInv 算法的运行时间进行分析。首先考虑单次调用 Merge-and-CountSplitInv 的运行时间，提供给它的是 2 个长度为 $\ell/2$ 的子数组。和 Merge 子程序一样，它在循环的每次迭代时执行常数级的操作，另外还有一些常数级的其他操作，运行时间为 $O(\ell)$。

回顾第 1.5 节对 MergeSort 算法运行时间的分析，我们可以看到这个算法具有 3 个重要的属性，导致它的运行时间上界是 $O(n \log n)$。首先，这个算法的每次调用都产生两个递归调用。其次，每一层递归调用的输入长度只有上一层的一半。最后，每个递归调用所完成的工作与输入长度呈正比（不包括下层递归调用所完成的工作）。

由于 Sort-and-CountInv 算法具有这些属性，所以第 1.5 节的分析对它也是适用的，因此它的运行时间上界是 $O(n \log n)$。

**定理 3.2**（**计数逆序对**）对于长度大于等于 1 的数组 A，Sort-and-CountInv 算法计算 A 中逆序对的数量运行时间是 $O(n \log n)$。

## 3.2.13 小测验 3.1～3.2 的答案

### 小测验 3.1 的答案

**正确答案（a）**。这个问题的正确答案是 15。逆序对的最大可能数量就是 $i, j \in \{1, 2, \cdots, 6\}$ 中满足 $i < j$ 的 $(i、j)$ 对的数量。这个数量用 $\binom{6}{2}$ 表示，意思是

"6 中选 2"。一般而言 $\begin{Bmatrix} n \\ 2 \end{Bmatrix} = \frac{n(n-1)}{2}$，因此 $\begin{Bmatrix} 6 \\ 2 \end{Bmatrix}=15$[①]。在一个反序排列的 6 元素数组（6, 5, 4, 3, 2, 1）中，每一对元素都是逆序的，因此这个数组一共有 15 个逆序对。

### 小测验 3.2 的答案

**正确答案（b）**。在不包含分离逆序对的数组中，左半部分数组中的所有元素都小于右半部分数组中的所有元素。如果左半部分数组中的某个元素 $A[i]$（$i \in \left\{1, 2, \cdots, \frac{n}{2}\right\}$）大于右半部分数组中的某个元素 $A[j]$（$j \in \left\{\frac{n}{2}+1, \frac{n}{2}+2, \cdots, n\right\}$），则 $(i, j)$ 就构成分离逆序对。

## 3.3 Strassen 的矩阵相乘算法

本节把分治算法设计范式应用于矩阵相乘这个问题，这类算法的巅峰无疑是 Strassen 的矩阵相乘算法，它的运行时间令人吃惊，竟然低于立方级。这个算法是精巧的算法设计发挥神奇威力的一个典型例子。它可以让我们看到精妙的算法是怎样把简单解决方案远远抛在身后的，即使是对于极端基本的问题。

### 3.3.1 矩阵相乘

假设 $\boldsymbol{X}$ 和 $\boldsymbol{Y}$ 是 $n \times n$ 的整数矩阵，每个矩阵包含 $n^2$ 个元素。在矩阵的乘积 $\boldsymbol{Z} = \boldsymbol{X} \cdot \boldsymbol{Y}$ 中，$\boldsymbol{Z}$ 中第 $i$ 行第 $j$ 列的元素 $\boldsymbol{Z}_{ij}$ 被定义为 $\boldsymbol{X}$ 的第 $i$ 行和 $\boldsymbol{Y}$ 的第 $j$ 列的数量积[②]（见图 3.2）。即

---

① $(i, j)$ 的组合数量是 $n(n-1)$ 个。因为 $i<j$，所以 $n$ 次选择 $i$，$n-1$ 次选择 $j$。根据定义，满足 $i<j$ 的数量正好是 $n(n-1)$的一半。

② 两个长度为 $n$ 的向量 $\boldsymbol{a}=(a_1,\cdots,a_n)$和 $\boldsymbol{b}=(b_1,\cdots,b_n)$的数量积就是把 $\boldsymbol{a}$ 和 $\boldsymbol{b}$ 中相同位置的元素相乘的结果累加在一起，$\boldsymbol{a} \cdot \boldsymbol{b} = \sum_{i=1}^{n} a_i b_i$。

$$z_{ij}=\sum_{k=1}^{n}x_{ik}y_{kj} \tag{3.1}$$

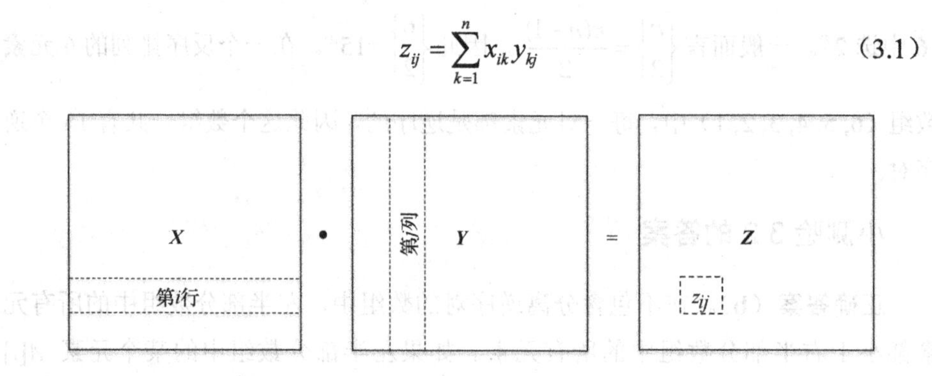


图 3.2 矩阵乘积 $\boldsymbol{X}\cdot\boldsymbol{Y}$ 的 $(i, j)$ 项是 $\boldsymbol{X}$ 的第 $i$ 行和 $\boldsymbol{Y}$ 的第 $j$ 列的数量积

## 3.3.2 例子（$n=2$）

现在我们来深入探讨 $n=2$ 这种情况。我们可以用 8 个参数来描述两个 $2\times2$ 的矩阵：

$$\underbrace{\begin{pmatrix}a & b\\ c & d\end{pmatrix}}_{X},\underbrace{\begin{pmatrix}e & f\\ g & h\end{pmatrix}}_{Y}$$

在矩阵的乘积 $\boldsymbol{X}\cdot\boldsymbol{Y}$ 中，左上角的元素是 $\boldsymbol{X}$ 的第 1 行和 $\boldsymbol{Y}$ 的第 1 列的数量积，即 $ae+bg$ 。一般而言，对于像上面这样的矩阵 $\boldsymbol{X}$ 和 $\boldsymbol{Y}$，

$$\boldsymbol{X}\cdot\boldsymbol{Y}=\begin{pmatrix}ae+bg & af+bh\\ ce+dg & cf+dh\end{pmatrix} \tag{3.2}$$

## 3.3.3 简单算法

现在我们考虑计算两个矩阵乘积的算法。

**问题：矩阵乘法**

**输入：** 两个 $n\times n$ 的整数矩阵 $\boldsymbol{X}$ 和 $\boldsymbol{Y}$①。

**输出：** 矩阵乘积 $\boldsymbol{X}\cdot\boldsymbol{Y}$。

① 我们所讨论的算法也可以扩展到非正方形的矩阵相乘，简单起见，我们还是只针对正方形矩阵。

输入的长度与 $X$ 和 $Y$ 元素数量 $n^2$ 成正比。由于我们假设必须要读取输入并写入到输出，因此能够期望的最优算法的运行时间是 $O(n^2)$，与输入的数量呈线性相关，与矩阵的维度呈平方相关。

我们能够在多大程度上接近这个最理想目标呢？

矩阵乘法有一种最直接的简单算法，它就是直接把矩阵乘法的数字定义转换为代码。

**简单的矩阵乘法**

**输入：** 两个 $n \times n$ 的整数矩阵 $X$ 和 $Y$。

**输出：** $Z=X \cdot Y$。

```
for i := 1 to n do
    for j := 1 to n do
        Z[i][j] := 0
        for k := 1 to n do
            Z[i][j] := Z[i][j] + X[i][k] · Y[k][j]
return Z
```

这种算法的运行时间是多少？

**小测验 3.3**

这种直接、简单的矩阵相乘算法的渐进性运行时间是什么呢（用矩阵维度 $n$ 的函数表示）？假设两个矩阵元素的相加和相乘均为常数级的操作时间。

（a）$\Theta(n \log n)$

（b）$\Theta(n^2)$

（c）$\Theta(n^3)$

（d）$\Theta(n^4)$

（关于正确答案和详细解释，参见第 3.3.7 节）

## 3.3.4 分治法

问题还是和原来的一样：还能做得更好吗？每个人的第一反应是矩阵乘法在

本质上根据它的定义是需要 $\Omega(n^3)$时间的。但是，也许我们的雄心已经被改进了整数乘法的 Karatsuba 算法（第 1.3 节）所撩拨。那种巧妙的分治算法较之简单的小学算法有很大的改进[①]。是不是存在一种类似的算法可以高效地计算矩阵的乘积呢？

为了应用分治范式（第 3.1 节），我们需要了解怎样把输入划分为更小的子问题，并知道怎么把这些子问题的解决方案组合为原始问题的解决方案。最简单的方式是把正方形矩阵在水平方向上和垂直方向上同时对半分割为更小的正方形子矩阵。换而言之，我们采用下面的写法：

$$\boldsymbol{X}=\begin{pmatrix}\boldsymbol{A} & \boldsymbol{B}\\ \boldsymbol{C} & \boldsymbol{D}\end{pmatrix},\quad \boldsymbol{Y}=\begin{pmatrix}\boldsymbol{E} & \boldsymbol{F}\\ \boldsymbol{G} & \boldsymbol{H}\end{pmatrix} \tag{3.3}$$

其中，$\boldsymbol{A}$，$\boldsymbol{B}$，…，$\boldsymbol{H}$ 都是 $\frac{n}{2}\times\frac{n}{2}$ 的矩阵[②]。

矩阵乘法有一个很酷的特性，就是相同大小的矩阵块的行为和单个矩阵元素一样。也就是说，上面的 $\boldsymbol{X}$ 和 $\boldsymbol{Y}$ 具有这样的性质：

$$\boldsymbol{X}\cdot\boldsymbol{Y}=\begin{pmatrix}\boldsymbol{A}\cdot\boldsymbol{E}+\boldsymbol{B}\cdot\boldsymbol{G} & \boldsymbol{A}\cdot\boldsymbol{F}+\boldsymbol{B}\cdot\boldsymbol{H}\\ \boldsymbol{C}\cdot\boldsymbol{E}+\boldsymbol{D}\cdot\boldsymbol{G} & \boldsymbol{C}\cdot\boldsymbol{F}+\boldsymbol{D}\cdot\boldsymbol{H}\end{pmatrix} \tag{3.4}$$

它完全可以与表示 $n$=2 这种情况的等式（3.2）进行类比。（它遵循了矩阵乘法的定义，读者可以对它进行检验。）在等式（3.4）中，两个矩阵相加就是简单地把对应的元素相加，$\boldsymbol{K}+\boldsymbol{L}$ 的$(i, j)$项就是 $\boldsymbol{K}$ 和 $\boldsymbol{L}$ 的$(i, j)$项相加的结果。等式（3.4）中的分解与计算可以很自然地转换为一个实现矩阵乘法的递归算法 RecMatMult。

**RecMatMult**

**输入：** 两个 $n\times n$ 的整数矩阵 $\boldsymbol{X}$ 和 $\boldsymbol{Y}$。

**输出：** $\boldsymbol{Z}=\boldsymbol{X}\cdot\boldsymbol{Y}$。

---

① 实际上我们还没有证明这一点，不过第 4.3 节会对此进行论证。

② 和以前一样，方便起见，我们假设 $n$ 是偶数。同样，即使 $n$ 是奇数也没有任何问题。

```
先决条件：n是2的整数次方。
if n = 1 then                // 基本条件
    return 元素为 X[1][1]·Y[1][1]的1×1矩阵
else                         // 基本条件
    A;B;C;D := 像等式（3.3）一样的X子矩阵
    E;F;G;H := 像等式（3.3）一样的Y子矩阵
    递归地计算等式（3.4）中所出现的8个矩阵积
    返回等式（3.4）的计算结果
```

RecMatMult算法的运行时间并不是非常直观。唯一清楚的是它一共有8个递归调用，每个调用的输入长度是矩阵维度的一半。除了进行这些递归调用之外，还需要完成的工作是（3.4）中的矩阵加法。由于$n\times n$的矩阵具有$n^2$个元素，因此两个矩阵相加所需要的操作数量与元素的数量成正比，在一对$\ell\times\ell$的矩阵上运行的一个递归调用执行$\Theta(\ell^2)$数量的操作，不包括它所制造的递归调用所完成的工作。

令人失望的是，这种递归算法的运行时间高达$\Theta(n^3)$，与前面的简单算法相同。（这是通过“主方法”推断的，将在下一章解释。）我们所做的工作都是无用功？记得在整数乘法问题中，战胜小学数学算法的关键在于高斯发明的技巧，就是把递归调用的数量由4个减少为3个（第1.3.3节）。矩阵乘法中是不是也存在与高斯技巧相似的诀窍呢？能不能把递归调用的数量由8个减少到7个？

### 3.3.5 节省一个递归调用

Strassen算法的高级计划是相对于RecMatMult算法节省一个递归调用，付出的代价是一些常数级的矩阵加法和减法操作。

**Strassen（非常高级的描述）**

**输入**：两个$n\times n$的整数矩阵$X$和$Y$。

**输出**：$Z=X\cdot Y$。

**先决条件**：$n$是2的整数次方。

```
if n = 1 then                    // 基本情况
    return 元素为 X[1][1] · Y[1][1]的 1 × 1 矩阵
else                             // 递归情况
    A;B;C;D := 像等式(3.3)一样的 X子矩阵
    E;F;G;H := 像等式(3.3) 一样的 Y子矩阵
    递归地从(A, B, …, H)中计算 7 个乘积(巧妙地选择)
    返回对前一个步骤所计算的矩阵所执行的适当的(巧妙地选择)加法和减法操作
```

从8个递归调用中节省1个是很大的成功。它不只是减少了算法12.5%的运行时间。递归调用是被反复节省的，所以这种节省是不断累积的。剧透一下，它可以产生极为优秀的渐进性运行时间。我们将在第4.3节看到它的实际运行时间上界，但是现在至关重要的是我们知道节省一个递归调用可以产生一种运行时间低于立方的算法。

现在，我们对Strassen的矩阵相乘算法有关的高级概念进行了归纳。读者是不是怀疑它是否能够改进那种简单的算法？或者对它实际上是怎样选择乘积和加法的感到好奇？如果是这样，下一节的内容就是为此量身定做的。

## 3.3.6 细节

假设$\boldsymbol{X}$和$\boldsymbol{Y}$表示两个$n\times n$的输入矩阵，并如（3.3）一样定义了$\boldsymbol{A}$，$\boldsymbol{B}$，…，$\boldsymbol{H}$。下面是Strassen的算法所执行的7个递归矩阵乘法：

$$
\begin{aligned}
\boldsymbol{P}_1 &= \boldsymbol{A}\cdot(\boldsymbol{F}-\boldsymbol{H})\\
\boldsymbol{P}_2 &= (\boldsymbol{A}+\boldsymbol{B})\cdot\boldsymbol{H}\\
\boldsymbol{P}_3 &= (\boldsymbol{C}+\boldsymbol{D})\cdot\boldsymbol{E}\\
\boldsymbol{P}_4 &= \boldsymbol{D}\cdot(\boldsymbol{G}-\boldsymbol{E})\\
\boldsymbol{P}_5 &= (\boldsymbol{A}+\boldsymbol{D})\cdot(\boldsymbol{E}+\boldsymbol{H})\\
\boldsymbol{P}_6 &= (\boldsymbol{B}-\boldsymbol{D})\cdot(\boldsymbol{G}+\boldsymbol{H})\\
\boldsymbol{P}_7 &= (\boldsymbol{A}-\boldsymbol{C})\cdot(\boldsymbol{E}+\boldsymbol{F})
\end{aligned}
$$

在花费了$\Theta(n^2)$的时间执行必要的矩阵加法和减法操作之后，就可以在$\frac{n}{2}\times\frac{n}{2}$的矩阵上执行以上的7个递归调用，计算$\boldsymbol{P}_1$，$\boldsymbol{P}_2$，…，$\boldsymbol{P}_7$。但是，这些信息对于在$\Theta(n^2)$的时间内重新构建$\boldsymbol{X}$和$\boldsymbol{Y}$的矩阵乘积真的足够了吗？下面这个令人惊奇的等式给出了肯定的答案。

$$\boldsymbol{X}\cdot\boldsymbol{Y}=\left(\begin{array}{c|c}\boldsymbol{A}\cdot\boldsymbol{E}+\boldsymbol{B}\cdot\boldsymbol{G} & \boldsymbol{A}\cdot\boldsymbol{F}+\boldsymbol{B}\cdot\boldsymbol{H}\\ \hline \boldsymbol{C}\cdot\boldsymbol{E}+\boldsymbol{D}\cdot\boldsymbol{G} & \boldsymbol{C}\cdot\boldsymbol{F}+\boldsymbol{D}\cdot\boldsymbol{H}\end{array}\right)$$

$$=\left(\begin{array}{c|c}\boldsymbol{P}_5\cdot\boldsymbol{P}_4-\boldsymbol{P}_2+\boldsymbol{P}_6 & \boldsymbol{P}_1+\boldsymbol{P}_2\\ \hline \boldsymbol{P}_3+\boldsymbol{P}_4 & \boldsymbol{P}_1+\boldsymbol{P}_5-\boldsymbol{P}_3-\boldsymbol{P}_7\end{array}\right)$$

第 1 个等式是从等式（3.4）复制的。对于第 2 个等式，我们需要检查这 4 块区域中的每一块所要求的相等性。为了解答我们的疑虑，我们可以检验左上角区域所进行的疯狂的消去操作：

$$\begin{aligned}\boldsymbol{P}_5+\boldsymbol{P}_4-\boldsymbol{P}_2+\boldsymbol{P}_6 &= (\boldsymbol{A}+\boldsymbol{D})\cdot(\boldsymbol{E}+\boldsymbol{H})+\boldsymbol{D}\cdot(\boldsymbol{G}-\boldsymbol{E})\\ &\quad-(\boldsymbol{A}+\boldsymbol{B})\cdot\boldsymbol{H}+(\boldsymbol{B}-\boldsymbol{D})\cdot(\boldsymbol{G}+\boldsymbol{H})\\ &= \boldsymbol{A}\cdot\boldsymbol{E}+\boldsymbol{A}\cdot\boldsymbol{H}+\boldsymbol{D}\cdot\boldsymbol{E}+\boldsymbol{D}\cdot\boldsymbol{H}+\boldsymbol{D}\cdot\boldsymbol{G}\\ &\quad-\boldsymbol{D}\cdot\boldsymbol{E}-\boldsymbol{A}\cdot\boldsymbol{H}-\boldsymbol{B}\cdot\boldsymbol{H}+\boldsymbol{B}\cdot\boldsymbol{G}\\ &\quad+\boldsymbol{B}\cdot\boldsymbol{H}-\boldsymbol{D}\cdot\boldsymbol{G}-\boldsymbol{D}\cdot\boldsymbol{H}\\ &= \boldsymbol{A}\cdot\boldsymbol{E}+\boldsymbol{B}\cdot\boldsymbol{G}\end{aligned}$$

右下角区域的计算与此类似，另两块区域也很容易验证其相等性。因此 Strassen 确实能够只用 7 个递归调用就完成矩阵乘法，另外再加上一些 $\Theta(n^2)$ 级别的额外工作！[①]

## 3.3.7 小测验 3.3 的答案

**正确答案**（c）。正确答案是 $\Theta(n^3)$。它采用了 3 层嵌套的循环，这将导致最内层的循环迭代了 $n^3$ 次，$i,j,k\in\{1,2,\cdots,n\}$ 的每一个选择都要进行一次迭代。这个算法在每次迭代时执行常数级的操作（1 次乘法和 1 次加法）。换种思考方法，对于 $\boldsymbol{Z}$ 中的 $n^2$ 个元素中的每一个，这个算法都要花费 $\Theta(n)$ 的时间对等式（3.1）

---

① 当然，验证算法的正确性要比提出算法容易得多。那么，Volker Strassen 是怎样做到早在 1969 年就提出这种算法呢？下面是他自己的陈述（在 2017 年 6 月的一次个人通信中）：“我记得，我当时认识到一种用于某些较小情况的更快速非交换性算法可以实现更小的指数。我试图证明简单、直接的算法对于 2×2 的矩阵是最理想的。简单起见，我采取了按 2 取模的做法，然后按照组合的方式发现了更快的算法。”

进行求值。

# *3.4 $O(n \log n)$时间的最近点对（Closest Pair）算法

分治法的最后一个例子是一个非常酷的算法，用于解决最近点对的问题。在这个问题中，平面上有 $n$ 个点，我们需要找出距离最近的那一对点。这也是我们第一次尝试计算几何学的一个应用。计算几何学研究和推断与操作几何对象有关的算法，它在机器人、计算机视觉和计算机图形等方面具有广泛的应用。[①]

## 3.4.1 问题

最近点对问题所关注的是平面上的点 $(x,y)\in\mathbf{R}^2$。为了测量两个点 $p_1=(x_1,y_1)$ 和 $p_2=(x_2,y_2)$之间的距离，我们使用常见的欧几里德直线距离公式：

$$d(p_1,p_2)=\sqrt{(x_1-x_2)^2+(y_1-y_2)^2} \tag{3.5}$$

**问题：最近点对**

**输入：** 平面上 $n\geqslant 2$ 个点 $p_1=(x_1,y_1),\cdots,p_n=(x_n,y_n)$。

**输出：** 点 $p_i, p_j$，它们之间的欧几里德距离 $d(p_i,p_j)$最短。

方便起见，我们假定任何两个点都不会具有相同的 $x$ 坐标或 $y$ 坐标。读者可以考虑对这个算法进行扩展，使它能够适应相同坐标的情况。[②]

最近点对问题可以通过穷举搜索法在平方运行时间内解决，只要计算 $\Theta(n^2)$ 对点中的每一对点之间的距离，并返回它们之中距离最小的那对点就可以了。

在计算逆序对问题（第 3.2 节）时，我们能够通过分治法改进平方级时间的穷举搜索算法。我们在这里是不是也能做得更好？

① 带星号的章节表示该段内容的难度较大，在第一次阅读时可以跳过。

② 在现实世界的实现中，最近点对算法并不需要计算等式（3.5）中的平方根，具有最小欧几里德距离的点对与那对具有最小欧几里德距离平方的点相同，而后面这个数值显然更容易计算。

## 3.4.2 热身：1D 情况

我们首先考虑这个问题的一维简化版本：假设有 $n$ 个以任意顺序出现的点 $p_1,\cdots,p_n \in \mathbf{R}$，寻找具有最短距离$\left| p_i - p_j \right|$的那对点。这种特殊情况很容易通过我们已经掌握的算法在 $O(n \log n)$时间内解决。

最关键的一点是，不管这对最近点是哪对点，这两个点在点集合的有序版本中肯定是连着出现的（图 3.3）。

**1D 的最近点对**

对点进行排序。

对已经排序的点集合进行线性扫描，以确认最近点对。

这个算法的第 1 个和第 2 个步骤可以在 $O(n \log n)$时间（使用 MergeSort）和 $O(n)$时间（简单方法）内实现，总体运行时间是 $O(n \log n)$。因此，在一维的情况下，确实存在一种优于穷举搜索法的算法。

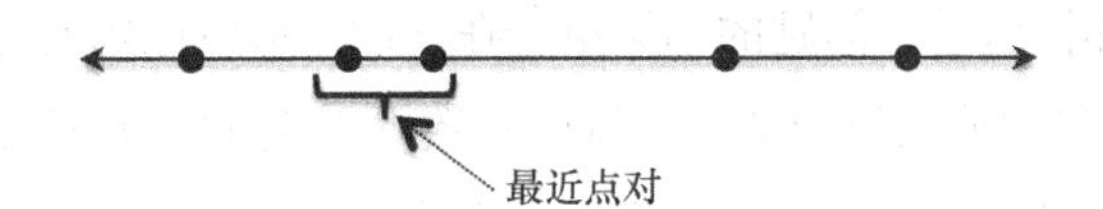


图 3.3 在一维情况下，最近点对中的点在点集合的有序版本中是连续出现的

## 3.4.3 预处理

排序是否有助于我们在 $O(n \log n)$时间内解决二维版本的最近点对问题呢？首先面临的问题是我们可以根据两种不同的坐标对点进行排序。但由于排序是种代价很小的基本操作，为什么这两种排序不都试一下呢？也就是说，在一个预处理步骤中，我们的算法生成输入点集合的两份备份：一份备份 $P_x$ 根据 $x$ 坐标对点进行排序，另一份备份 $P_y$ 根据 $y$ 坐标对点进行排序。这些操作需要 $O(n \log n)$时间，仍然在我们所寻求的时间上界之内。

我们怎么使用已经排序的 $P_x$ 和 $P_y$ 呢？遗憾的是，点集合中的最近点对并不一定在 $P_x$ 或 $P_y$ 中是连续出现的（图 3.4）。我们需要一种比简单的线性扫描更聪明的办法。

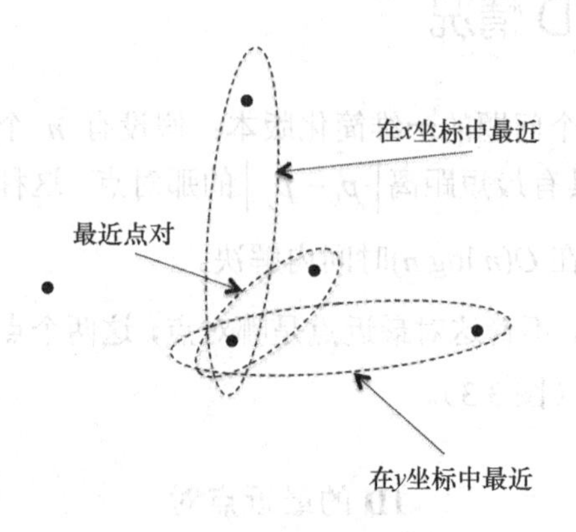


图 3.4　在二维场景中，最近点对中的点并不一定在按 $x$ 坐标或 $y$ 坐标排序的点集合中连续出现

## 3.4.4　一种分治方法

我们可以用分治法实现更好的效果[①]。我们应该怎样把输入划分为更小的子问题呢？又应该怎样把这些子问题的结果组合在一起，形成原始问题的解决方案呢？对于第一个问题，我们使用第一个已经排序的数组 $P_x$ 把输入数组划分为它的左半部分和右半部分。如果一对点的两个点都位于点集合的左半部分，这对点就称为左点对；如果一对点的两个点都位于点集合的右半部分，这对点就称为右点对；如果一对点的两个点分别属于不同的部分，这对点就称为分离点对。例如，在图 3.4 的点集合中，最近点对是个分离点对，在 $x$ 轴方向的最近点对是个左点对。

如果最近点对是左点对或右点对，它会被两个递归调用中的其中一个递归所确认。当最近点对是个分离点对时，我们就需要一个特殊的子程序来处理这种情况。这个子程序所扮演的角色与第 3.2 节的 CountSplitInv 子程序所扮演的角色相似。

下面的伪码对这些思路进行了总结，ClosestSplitPair 子程序在当前还没有实现。

① 因此，分治法范式既可用于预处理步骤以实现 MergeSort，也可用于主算法。

**ClosestPair（预备版本）**

**输入：** 平面上$n \geq 2$个点集合的两份备份$P_x$和$P_y$，分别按$x$坐标和$y$坐标排序。

**输出：** $p_i$、$p_j$，它们之间的欧几里德距离$d(p_i, p_j)$最短。

```
  // 小于等于 3 个点属于基本条件，在此忽略
1 Lx := Px的前半部分，按 x 轴排序
2 Ly := Px的前半部分，按 y 轴排序
3 Rx := Px的后半部分，按 x 轴排序
4 Ry := Px的后半部分，按 y 轴排序
5 (l1, l2) := ClosestPair(Lx,Ly)          // 最近左点对
6 (r1, r2) := ClosestPair(Rx,Ry)          // 最近右点对
7 (s1, s2) := ClosestSplitPair(Px, Py)    // 最近分离点对
8 return (l1, l2), (r1,r2), (s1, s2)的最近那对
```

在被省略的基本条件中，如果一共是 2 个点或 3 个点，这个算法就可以在O(1)的时间内直接算出最近点对。从$P_x$中推导出$L_x$和$R_x$是非常容易的（简单地把$P_x$对半分开）。为了计算$L_y$和$R_y$，这个算法可以对$P_y$执行一次线性扫描，根据点的$x$坐标把每个点放在$L_y$或$R_y$的末尾。我们的结论是第 1～4 行代码可以实现$O(n)$的运行时间。

假设我们已经正确实现了 ClosestSplitPair 子程序，这个算法就可以算出最近点对，第 5～7 行的 3 个子程序调用涵盖了最近点对的所有可能。

**小测验 3.4**

假设我们正确地以$O(n)$时间实现了 ClosestSplitPair 子程序。ClosestPair 算法的总体运行时间是多少？（选择适用的最小上界）

（a）$O(n)$

（b）$O(n \log n)$

（c）$O(n(\log n)^2)$

（d）$O(n^2)$

（关于正确答案和详细解释，参见第 3.4.10 节）

### 3.4.5 一个微妙的变化

小测验 3.4 的答案使我们的目标变得清晰：我们需要 ClosestSplitPair 子程序的 $O(n)$时间的实现，这样可以使总体运行时间上界达到 $O(n \log n)$，与特殊的一维情况下该算法的运行时间旗鼓相当。

我们将设计一个稍稍弱化的子程序，它对于实现我们的目标已经足够。下面是关键所在：我们需要 ClosestSplitPair 子程序只有在最近点对确实是分离点对时才去寻找最近点对。如果最近点对是左点对或右点对，ClosestSplitPair 可以简单地返回一些垃圾信息。不过，第 3.4.4 节的伪码的第 8 行将会忽略这种情况下它所返回的结果，而是取其中一个递归调用所计算的实际最佳点对。这个放宽的正确性需求会在我们的算法中起到至关重要的作用。

为了实现这个思路，我们将明确地向 ClosestSplitPair 子程序传递属于左点对或右点对的最近点对之间的距离$\delta$，这样这个子程序就知道它只需要关心距离小于$\delta$的分离点对即可。

换句话说，我们可以用下面的代码替换第 3.4.4 节的第 7～8 行伪码：

**ClosestPair（补缺版）**

```
7 δ:= min{d(l₁, l₂), d(r₁, r₂)}
8 (s₁, s₂) := ClosestSplitPair(Pₓ, Pᵧ, δ)
9 return (l₁, l₂), (r₁, r₂), (s₁, s₂)的最近那对
```

### 3.4.6 ClosestSplitPair

现在我们可以提供 ClosestSplitPair 子程序的实现，使它能够以线性时间运行，并正确地找出当最近点对为分离点对时的最近点对。读者可能不相信下面的伪码能够满足这些要求，但它确实做到了。它的高级思路是为一个精心限制的点对集合进行穷举搜索。

**ClosestSplitPair**

**输入**：平面上 $n \geqslant 2$ 个点集合分别按 $x$ 坐标和 $y$ 坐标排序的两份备份 $P_x$ 和 $P_y$，以及一个参数 $\delta$。

**输出**：当最近点对是分离点对时，返回这个最近点对。

```
1  x̄ :=左半部分的最大 x 坐标 // 中位 x 坐标
2  Sy := { 点 q1, q2,…, qℓ ，其 x 坐标位于 x̄−δ 和 x̄+δ，按 y 轴排序 }
3  best := δ
4  bestPair := NULL
5  for i := 1 to ℓ−1 do
6      for j := 1 to min{7, ℓ−i } do
7          if d(qi, qi+j) < best then
8              best := d(qi, qi+j)
9              bestPair := (qi, qi+j)
10 return bestPair
```

这个子程序首先在第 1 行确认这个点集左半部分的最右边的点，它定义了“中位 $x$ 坐标” $\bar{x}$。对于某对点，当且仅当其中一个点的 $x$ 坐标不大于 $\bar{x}$ 并且另一个点的 $x$ 坐标大于 $\bar{x}$ 时，这对点就是分离点对。计算 $\bar{x}$ 需要常数级（$O(1)$）的时间，因为 $P_x$ 中的点是根据 $x$ 坐标排序的（中位点是第 $n/2$ 个数组项）。在第 2 行，这个子程序执行一个过滤步骤，把以 $\bar{x}$ 为中心、宽度为 $2\delta$的垂直区域之外的点都丢弃（图 3.5）。为了获取点集 $S_y$，可以扫描 $P_y$ 并删除那些 $x$ 坐标不在我们的兴趣范围之内的点，这个操作可以在线性时间内实现。[①] 第 5～9 行对最多包含 6 个点的 $S_y$ 中的点对进行穷举搜索（$S_y$ 中的点根据 $y$ 坐标排序），并计算这些点中最近的那对点。[②] 我们可以把它看成是一维情况的算法的一种扩展，检查所有“近似连续的”点对。循环迭代的总数是我们所需要的小于 $7\ell \leqslant 7n = O(n)$ 时间。在每次迭代中，该算法所执行的基本操作的数量是常数级的。我们可以得出结论，ClosestSplitPair 子程序是以 $O(n)$时间运行的。但是，它到底是怎么找到最近点对的？

---

① 这个步骤是我们在初始的预处理步骤中根据 $y$ 坐标对点集合进行一次排序，使之适用后面的所有场合的原因。由于我们寻求的是一种线性时间的子程序，因此现在没有时间对它们进行排序！

② 如果不存在距离小于 $\bar{x}$ 的点对，则这个子程序就返回 NULL。在这种情况下，在 ClosestPair 中，这个 NULL 值被忽略，最终的比较是在两个递归调用所返回的点对之间进行的。

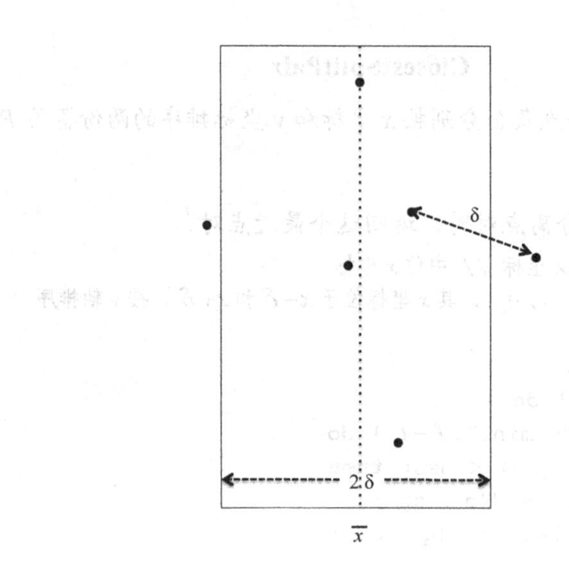


图 3.5 ClosestSplitPair 子程序。$S_y$是在某个垂直间距范围内的点集合。$\delta$是左点对或右点对中的最短距离。分离点对的两个点分别在虚线的两边

### 3.4.7 正确性

ClosestSplitPair 子程序的运行时间是线性的，因为在平方级数量的可能点对中，它只搜索线性数量的点对。我们怎么知道它并没有错过真正的最近点对呢？下面这个辅助结论有点令人吃惊，它保证当最近点对是分离点对时，它的两个点在经过过滤的点集合 $S_y$ 中是近似连续的。

**辅助结论 3.3** 在 ClosestSplitPair 子程序中，假设$(p, q)$是个 $d(p, q) < \delta$的分离点对，其中$\delta$是左点对和右点对中的最短距离。则：

（a）$p$ 和 $q$ 将被包含在点集 $S_y$ 中；

（b）最多包含 6 个点的 $S_y$ 会有一个 $y$ 坐标位于 $p$ 和 $q$ 的 $y$ 坐标之间。

这个辅助结论看上去很不直观，我们将在下一节提供它的证明。辅助结论 3.3 提示了 ClosestSplitPair 能够完成它的任务。

**推论 3.4** 当最近点对是个分离点对时，ClosestSplitPair 子程序就会返回这个分离点对。

证明：假设最近点对$(p, q)$是个分离点对，因此$d(p, q) < \delta$，其中$\delta$是左点对和右点对中的最短距离。接着，辅助结论 3.3 保证了$p$和$q$在 ClosestSplitPair 子程序中都属于点集 $S_y$，并且 $S_y$ 中最多包含 6 个根据 $y$ 坐标排序的点。由于 ClosestSplitPair 以穷举方式对满足这两个属性的所有点对进行搜索，因此它可以找出其中的最近点对，而后者必然是实际上的最近点对$(p, q)$。Q.e.d.

暂时搁置辅助定理 3.3 的证明后，我们就得到了最近点对问题的正确且速度惊人的算法。

**定理 3.5（计算最近点对）** 对于平面上$n \geqslant 2$的每个点集合$P$，ClosestPair 算法能够正确地计算$P$中的最近点对，并且它的运行时间是$O(n \log n)$。

证明：我们已经论证了运行时间上界。这个算法在预处理步骤中花费$O(n \log n)$的时间，这个算法的剩余部分具有与 MergeSort 相同的渐进性运行时间（两个递归调用分别对输入数组的左半部分和右半部分进行操作，再加上线性的加法操作），它也是$O(n \log n)$。

至于正确性，如果最近点对是个左点对，它是由第一个递归调用所返回的（第 3.4.4 节的第 5 行）。如果它是个右点对，它是由第二个递归调用所返回的（第 3.4.4 节的第 6 行）。如果它是个分离点对，则推论 3.4 保证了它是由 ClosestSplitPair 子程序所返回的。在所有的情况下，最近点对是该算法所检查的 3 个测试结果之一（第 3.4.5 节的第 9 行），并作为最终答案返回。Q.e.d.

## 3.4.8 辅助结论 3.3（a）的证明

辅助结论 3.3 的（a）部分的证明比较容易。假设有一个分离点对$(p, q)$，$p$位于点集合的左半部分，$q$位于右半部分，且$d(p, q) \leqslant \delta$，其中$\delta$是左点对和右点对中的最短距离。设$p = (x_1, y_1)$，$q = (x_2, y_2)$，并且$\bar{x}$表示左半部分最右边的那个点。由于$p$和$q$分别位于左半部分和右半部分，因此$x_1 < \bar{x} < x_2$。

同时，$x_1$和$x_2$的差别不可能非常大。从形式上说，根据欧几里德距离的定义（3.5），我们可以采用下面的写法：

$$\begin{aligned}\delta &> d(p,q)\\ &= \sqrt{(x_1-x_2)^2+(y_1-y_2)^2}\\ &\geqslant \sqrt{\max\{(x_1-x_2)^2,(y_1-y_2)^2\}}\\ &= \max\{|x_1-x_2|,|y_1-y_2|\}.\end{aligned}$$

这意味着 $p$ 和 $q$ 在 $x$ 轴和 $y$ 轴的差都小于 $\bar{x}$：

$$|x_1-x_2|,|y_1-y_2|<\delta \tag{3.6}$$

由于 $x_1 \leqslant \bar{x}$，$x_2$ 最多比 $x_1$ 大 $\delta$，因此 $x_2 \leqslant \bar{x}+\delta$[①]。由于 $x_2 \geqslant \bar{x}$，并且 $x_1$ 最多比 $x_2$ 小 $\delta$，因此 $x_1 \geqslant \bar{x}-\delta$。

具体地说，$p$ 和 $q$ 的 $x$ 坐标都位于 $\bar{x}-\delta$ 和 $\bar{x}+\delta$ 之间，如图 3.6 所示。所有这些的点，包括 $p$ 和 $q$，都属于点集 $S_y$。

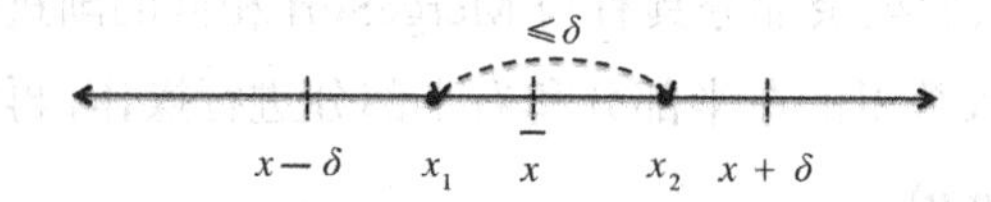


图 3.6 辅助结论 3.3（a）的证明。$p$ 和 $q$ 的 $x$ 坐标都位于 $\bar{x}-\delta$ 和 $\bar{x}+\delta$ 之间

## 3.4.9 辅助结论 3.3（b）的证明

回顾我们之前的假设：存在一个分离点对$(p, q)$，其中 $p=(x_1, y_1)$位于点集的左半部分，$q=(x_2, y_2)$位于点集的右半部分，使得 $d(p, q) < \delta$，其中$\delta$是左点对和右点对中的最短距离。辅助结论 3.3（b）声称 $p$ 和 $q$ 不仅出现在点集 $S_y$ 中（如(a)部分所证明），并且它们是近似连续的。$S_y$ 最多包含 6 个点，它们的 $y$ 坐标位于 $y_1$ 和 $y_2$ 之间。

为了完成证明，我们在平面上画了一个 2×4 的网格，每个框的边长为$\delta/2$（图 3.7）。在中位 $x$ 坐标 $\bar{x}$ 的两侧都有两列框。框的底部是根据点 $p$ 和 $q$ 的 $y$ 坐标的较小值对齐的，即 $y$ 坐标为 $\min(y_1, y_2)$。[②]

---

① 可以想像 $p$ 和 $q$ 是两个人，有一根长度为 $\delta$ 的绳子系在他们的腰间。$p$ 最多只能向右移动 $\bar{x}$ 的距离，这样限制了 $q$ 的移动距离也只有 $\bar{x}+\delta$（图 3.6）。

② 不要忘了：这些框纯粹是为了说明 ClosestPair 算法为什么是正确的。这个算法本身对这些框毫无所知，它只遵循第 3.4.4～3.4.6 节的伪码。

根据（a）部分，我们知道$p$和$q$的$x$坐标都位于$\bar{x}-\delta$和$\bar{x}+\delta$之间。具体地说，假设$q$具有最小的$y$坐标，反之也是类似。因此，$q$出现在底部那行的某个框的底部（在右半部分）。由于$p$的$y$坐标只可能大于$q$的$y$坐标（参见图3.7），因此$p$也出现在其中一个框中（在左半部分）。$S_y$中$y$坐标位于$p$和$q$之间的每个点的$x$坐标位于$\bar{x}-\delta$和$\bar{x}+\delta$之间（$S_y$中的点都需要满足这个条件），$y$坐标都位于$y_2$和$y_1<y_2+\delta$之间，因此也是位于这8个框的其中之一。

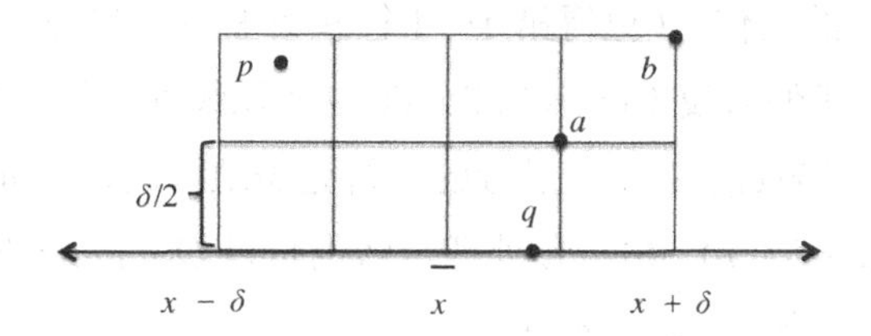


图3.7　辅助结论3.3（b）的证明。点$p$和$q$出现在8个框的其中两个，每个框最多只能有一个点

读者可能会担心，这些框中$y$坐标在$y_1$和$y_2$之间的点太多。为了说明这种情况不可能发生，我们可以证明每个框最多不超过一个点。因此，这8个框最多包含8个点（包括$p$和$q$），$S_y$中$y$坐标在$p$和$q$之间的点只可能有6个。[①]

为什么每个框最多只有一个点？这就需要用到我们在第3.4.5节所讨论的内容，这个结论建立在$\delta$是左点对和右点对中的最短距离这个事实的基础上。为了引申出矛盾，假设某个框具有两个点$a$和$b$（其中一个可能是$p$或$q$）。这个点对也许是左点对（如果这两个点是在前两列），也许是右点对（如果它们位于最后两列）。$a$和$b$可能出现的最远距离就是它们分别出现在这个框的两个对角上（图3.7），此时根据毕达哥拉斯定理（勾股定理）[②]，$a$和$b$之间的距离是$\sqrt{2}\cdot\frac{\delta}{2}<\delta$。

但是，这就与左点对或右点对中的最短距离不可能小于$\delta$这个假设相矛盾。这个矛盾意味着图3.7中的8个框中的每个框最多只有一个点。因此，$S_y$中$y$坐标位于$p$和$q$之间的点最多只有6个。Q.e.d.

---

① 如果一个点的$x$坐标正好是$\bar{x}$，那么把它分配给靠近它左边的那个框。其他点如果位于几个框的边界上，它可以分配给其中任何一个框。

② 对于直角三角形，两条直角边的平方之和等于斜边的平方。

### 3.4.10 小测验 3.4 的答案

**正确答案：**（b）。正确答案是 $O(n \log n)$。$O(n)$并不正确，其中一个原因是 ClosestPair 算法已经在它的预处理步骤中花费了 $\theta(n \log n)$的时间创建了有序列表 $P_x$和 $P_y$。这个 $O(n \log n)$上界的论据与 MergeSort 完全相同：ClosestPair 算法制造 2 个递归调用，每个调用所操作的子数组都是原来的一半，并且在它的递归调用之外执行 $O(n)$的工作。（记得第 1～4 行和第 8 行可以在 $O(n)$时间内实现。对于这个小测验，我们假设 ClosestSplitPair 也是以线性时间运行的。）这个模式与我们在第 1.5 节对 MergeSort 所进行的分析完美地匹配，因此我们知道它所执行的操作总量是 $O(n \log n)$。由于预处理步骤也是以 $O(n \log n)$时间运行的，所以最终的运行时间上界就是 $O(n \log n)$。

## 3.5 本章要点

- 分治算法把输入分割为更小的子问题，以递归的方式解决子问题，并把子问题的答案组合在一起形成原始问题的解决方案。
- 计算一个数组中逆序对的数量与衡量两个有序列表的相似性有关。该问题的穷举搜索算法作用于长度为 $n$ 的数组时的运行时间为$\Theta(n^2)$。
- 有一种分治算法建立在 MergeSort 算法的基础之上，可以在 $O(n \log n)$时间内计算逆序对的数量。
- Strassen 的低于立方时间的矩阵乘法分治算法是一个思维爆发的例子，它充分说明了设计精巧的算法能够极大地改进简单直接的算法。它的关键思路是通过一种简单的分治算法节省一个递归调用，类似于 Karatsuba 乘法。
- 在最近点对问题中，输入是平面上的 $n$ 个点，它的目标是算出所有点中欧几里德距离最近的那对点。穷举搜索算法的运行时间是$\Theta(n^2)$。
- 有一种高级的分治算法能够在 $O(n \log n)$时间内解决最近点对问题。

# 3.6 习题

**问题 3.1** 考虑下面这段用于计算 $a^b$ 的伪码，其中 $a$ 和 $b$ 都是正整数。①

**FastPower**

**输入**：正整数 $a$ 和 $b$。

**输出**：$a^b$。

```
if b = 1 then
    return a
else
    c := a·a
    ans := FastPower(c, ⌊b|2⌋)
if b is odd then
    return a· ans
else
    return ans
```

假设在这个问题中，每个乘法和除法都可以在常数时间内完成。这种算法的渐进性运行时间是什么？用 $b$ 的函数表示。

（a）$\Theta(\log b)$

（b）$\Theta(\sqrt{b})$

（c）$\Theta(b)$

（d）$\Theta(b\log b)$

## 挑战题

**问题 3.2** 假设有一个包含 $n$ 个不同元素的单峰数组，单峰数组是指它的元素一开始按升序排列直到最大元素，然后按降序排列。提供一种算法，可以在 $O(\log n)$时间内找出一个单峰数组的最大元素。

---

① $\lfloor x\rfloor$ 这种记法表示“地板”函数，它把参数向下取最接近的整数。

**问题 3.3** 有一个包含 $n$ 个不同整数的已排序数组（从最小到最大），这些整数可能是正数，也可能是负数或零。我们想要确定是否存在一个索引 $i$，满足 $A[i] = i$。为这个问题设计一种您可以想到的最快算法。

**问题 3.4**（困难）有一个包含了不同数的 $n \times n$ 的网格。如果一个数比它的所有邻居都要小，它就是个局部最小数。（一个数的邻居包括它的正上、正下、左边和右边。大多数的数有 4 个邻居，边上的数有 3 个邻居，四个角上的数只有 2 个邻居。）使用分治算法设计范式计算局部最小数，在数对之间只进行 $O(n)$级别的比较。（注意：由于输入中一共包含了 $n^2$ 个数，所以不可能观察每一个数）。【提示：只能在 $O(n)$的时间内完成对 2×2 的网格的递归。】

## 编程题

**问题 3.5** 用自己喜欢的编程语言实现第 3.2 节对数组的逆序对进行计数的 CountInv 算法。（关于测试用例和挑战数据集，可以参阅 www.algorithmsilluminated.org。）

# 第4章 主方法

本章讨论决定递归算法的运行时间的“黑盒”方法，并讨论递归算法的一些关键特性，然后推导出算法的运行时间上界。这种“主方法”适用于读者所看到的绝大多数分治算法，包括 Karatsuba 的整数相乘算法（第 1.3 节）和 Strassen 的矩阵相乘算法（第 3.3 节）[1]。本章还将描述算法研究中一个更通用的理论：对新奇的算法思路进行适当的评估常常需要不直观的数学分析。

在第 4.1 节介绍了递归过程之后，我们将在第 4.2 节提供主方法的正式定义，并观察它的 6 个应用例子（第 4.3 节）。第 4.4 节讨论了主方法的证明，着重强调它的 3 种著名情况背后的含义。这个证明非常优雅地建立在第 1.5 节对 MergeSort 算法分析的基础之上。

## 4.1 重温整数乘法

为了激发读者对主方法的学习兴趣，我们重温整数相乘算法的一些要点（第 1.2～1.3 节）。这个问题是要求计算两个 $n$ 位整数相乘的结果，其中的基本操作是两个个位整数的加法或乘法。迭代式的小学数学算法需要 $\Theta(n^2)$ 的操作完成两个 $n$ 位整数的乘法。我们是不是可以用分治法做得更好？

---

① 主方法又称“主定理”。

### 4.1.1 RecIntMult 算法

第 1.3 节的 RecIntMult 算法把特定的 $n$ 位数分解为前半部分 $x$ 和后半部分 $y$，从而实现了更小的子问题：$x = 10^{n/2} \cdot a + b$，$y = 10^{n/2} \cdot c + d$），其中 $a$、$b$、$c$、$d$ 都是 $n/2$ 位的整数（简单起见，假设 $n$ 是偶数）。例如，如果 $x = 1234$，则 $a = 12$，$b = 34$。然后可以得出式（4.1）：

$$x \cdot y = 10^n \cdot (a \cdot c) + 10^{n/2} \cdot (a \cdot d + b \cdot c) + b \cdot d \tag{4.1}$$

这样，2 个 $n$ 位整数相乘的问题就变成了 4 对 $n/2$ 位整数相乘加上 $O(n)$的额外工作（追加适当数量的后缀 0 以及小学数学的加法）。

这种方法的正式描述是递归过程。假设 $T(n)$表示这种递归算法将两个 $n$ 位整数相乘所需要的基本操作的最大数量，这个数量正是我们想要确定的上界。递归过程根据递归调用所执行的操作数量来表示运行时间上界 $T(n)$。RecIntMult 算法的递归过程是：

$$T(n) \leqslant \underbrace{4 \cdot T\left(\frac{n}{2}\right)}_{\text{递归调用所完成的工作}} + \underbrace{O(n)}_{\text{递归调用之外所完成的工作}}$$

和递归算法一样，递归过程需要基本条件，也就是当 $n$ 的值太小而不再触发递归调用时 $T(n)$的值。在这个例子里，基本条件就是 $n = 1$，此时该算法就只执行一次简单的乘法，因此 $T(1) = 1$。

### 4.1.2 Karatsuba 算法

Karatsuba 用于整数乘法的递归算法使用了高斯所发明的一个技巧从而节省了一个递归调用。这个技巧就是递归地计算 $a$ 和 $c$、$b$ 和 $d$、$a+b$ 和 $c+d$ 的乘积，并通过 $(a+b)(c+d) - ac - bd$ 这个式子提取中间系数 $a \cdot d + b \cdot c$。这些信息加上一些额外的基本操作，足以计算表达式（4.1）右端的值。

**小测验 4.1**

下面哪个递归过程最好地描述了用于整数相乘的 Karatsuba 算法？

（a）$T(n) \leqslant 2 \cdot T\left(\frac{n}{2}\right) + O(n^2)$

（b）$3 \cdot T\left(\frac{n}{2}\right)+O(n)$

（c）$3 \cdot T\left(\frac{n}{2}\right)+O(n^2)$

（d）$4 \cdot T\left(\frac{n}{2}\right)+O(n)$

**正确答案：（b）**。它对 RecIntMult 算法的唯一改变是递归调用的数量减少了一个。Karatsuba 算法在递归调用之外所完成的额外工作量确实更多一些，但这些工作量是常数级的，在大 $O$ 表示法中将被忽略。因此，Karatsuba 算法的正确递归过程是

$$T(n) \leqslant \underbrace{3 \cdot T\left(\frac{n}{2}\right)}_{\text{递归调用所完成的工作}} + \underbrace{O(n)}_{\text{在递归调用之外所完成的工作}}$$

同样，递归的基本条件是 $T(1)=1$[①]。

## 4.1.3 比较递归过程

现在，我们还不知道 RecIntMult 或 Karatsuba 的运行时间。但是，观察它们的递归过程，可以看出后者只可能比前者更快。另一个可以用来比较的是第 1.5 节的 MergeSort 算法，它的递归过程是：

$$T(n) \leqslant \underbrace{2 \cdot T\left(\frac{n}{2}\right)}_{\text{递归调用所完成的工作}} + \underbrace{O(n)}_{\text{在递归调用之外所完成的工作}}$$

其中 $n$ 是需要排序的数组的长度。这个公式说明 RecIntMult 和 Karatsuba 算法的运行时间上界不可能优于 MergeSort 的 $O(n \log n)$。除了这些线索之外，我

① 从技术上说，对 $a+b$ 和 $c+d$ 所执行的递归调用有可能涉及$(n/2+1)$位数。简单起见，我们忽略这个细节，它不会对最终分析产生影响。

们对于这两种算法的运行时间并无头绪。稍后所讨论的主方法才会提供这个问题的答案。

# 4.2 形式声明

主方法正是我们分析递归算法所需要的工具。它将算法的递归过程作为输入，其输出就是该算法的运行时间上界。

## 4.2.1 标准递归过程

我们将讨论主方法的一个版本——标准递归过程，它具有3个自由参数，其形式如下[①]。

**标准递归过程的格式**

**基本条件**：对于所有足够小的$n$，$T(n)$最多就是个常数[②]。

**递归条件**：对于较大的$n$值，

$$T(n) \leqslant a \cdot T\left(\frac{n}{b}\right) + O(n^d)$$

参数的具体含义如下。

- $a$：递归调用的数量。
- $b$：输入长度的收缩因子。
- $d$："组合步骤"的运行时间指数。

标准递归过程的基本条件表示当输入长度足够小，不再需要递归调用时，需要解决的问题就可以在$O(1)$时间内解决。对于我们考虑的所有应用，都适用这个基本条件。递归条件就是算法执行递归调用，每个递归调用对一个输入长度更

① 主方法的这种表现形式来源于 Sanjoy Dasgupta、Christos Papadimitriou 和 Umesh Vazirani 所著的 *Algorithms*（McGraw-Hill，2006）的第2章。

② 从形式上说，存在与$n$无关的正整数$n_0$和c，对于所有的$n \leqslant n_0$，满足$T(n) \leqslant c$。

小的子问题（是原输入的 $b$ 分之 1）进行操作，并在递归调用之外完成 $O(n^d)$的工作。例如，在 MergeSort 算法中，有两个递归调用（$a=2$），每个递归调用分别对一个长度为输入长度一半（$b=2$）的数组进行操作，并在递归调用之外完成 $O(n)$的工作（$d=1$）。一般而言，$a$ 可以是任意正整数，$b$ 可以是任意大于 1 的实数（如果 $b\leqslant 1$，该算法就不会终止），$d$ 可以是任意非负实数，其中 $d=0$ 表示在递归调用之外只需要执行常数级（$O(1)$）的工作。和往常一样，我们忽略了把 $\frac{n}{b}$ 向上取最接近整数的细节，因为它通常并不会对最终结论产生影响。不要忘记 $a$、$b$ 和 $d$ 应该是常数，也就是与输入长度 $n$ 无关的数[①]。这些参数的典型值是 1（$a$ 和 $d$）、2、3 和 4。如果出现了“在 $a=n$ 或 $b=\frac{n}{n-1}$ 的情况下应用主方法”这样的方法，说明主方法的使用有误。

标准递归过程的一个限制是每个递归调用都对相同长度的子问题进行操作。例如，如果一种递归算法的一个递归调用对输入数组的前三分之一进行操作，另一个递归调用对输入数组的后三分之二进行操作，它就不是标准递归过程。大多数（但不是全部）自然分治算法都可以产生标准递归过程。

例如，在 MergeSort 算法中，两个递归调用都对长度为输入数组长度一半的子问题进行操作。在递归式整数相乘算法中，递归调用所处理的整数位数总是上级递归调用的一半。[②]

## 4.2.2 主方法的陈述和讨论

现在，我们可以对主方法进行陈述，它以关键参数 $a$、$b$ 和 $d$ 的一个函数形式提供了一个标准递归过程的上界。

**定理 4.1（主方法）**

如果 $T(n)$被定义为一个标准递归过程，满足参数 $a\geqslant 1, b>1, d\geqslant 1$，则

---

① 基本条件和“$O(n^d)$”记法中也会忽略常数，但主方法的结论并不依赖于它们的值。

② 主方法还有更通用的版本，可以容纳范围更广的递归过程，但这里所讨论的简单版本对于读者可能遇到的几乎所有的分治算法都已经足够。

$$T(n)=\begin{cases}O(n^d\log n)\text{，如果 } a=b^d & [\text{情况 1}]\\ O(n^d)\text{，如果 } a<b^d & [\text{情况 2}]\\ O(n^{\log_b a})\text{，如果 } a>b^d & [\text{情况 3}]\end{cases} \tag{4.2}$$

这 3 种情况是怎么回事？为什么 $a$ 和 $b^d$ 的相对值非常重要？在第二种情况中，当最外层递归调用已经完成了 $O(n^d)$量级的工作的情况下，整个算法的运行时间还能达到 $O(n^d)$吗？第三种情况中看上去有些奇怪的运行时间上界又是怎么回事？在本章结束时，我们将了解这些问题的满意答案，主方法的陈述看上去就像是世界上最自然的表述。①

**关于对数的更多说明**

定理 4.1 另一个令人困惑的地方在于它在对数用法上的不一致。第三种情况仔细说明了对数的底是 $b$，也就是在结果不大于 1 时 $n$ 可以被 $b$ 整除的次数。但是，第一种情况根本没有指定对数的底。原因是任意两个对数函数的区别仅在于常数因子。例如，底为 2 的对数除以对应的自然对数（底为 e 的对象，其中 e = 2.718……）的结果总是某个常数因子 1/ln2 ≈ 1.44。在主方法的第一种情况中，改变对数的底只是改变这个常数因子，因此可以很方便地在大 O 记法中将其忽略。在第三种情况中，对数是以指数的形式出现的，不同的常数因子会导致差别非常巨大的运行时间上界（如 $n^2$ 和 $n^{100}$）！

## 4.3 6 个例子

读者首次看到主方法（定理 4.1）时很难对它产生直观的印象。下面让我们

---

① 定理 4.1 中的上界形式是 $O(f(n))$而不是$\Theta(f(n))$，因为在我们的递归过程中，我们只需要 $T(n)$的上界就可以了。如果我们在标准递归过程的定义中用“=”替换“≤”，用$\Theta(n^d)$替换 $O(n^d)$，定理 4.1 中的上界就可以用$\theta(.)$代替 $O(.)$，对这种方法进行验证可以很好地加深读者对第 4.4 节的证明过程的理解。

通过 6 个不同的例子使它的形象栩栩如生。

### 4.3.1 重温 MergeSort

作为合理性检查的手段，我们重温一种运行时间已经知晓的算法 MergeSort。为了应用主方法，我们需要做的就是确定 3 个自由参数的值。这 3 个参数分别是表示递归调用数量的 $a$、表示在递归调用之前输入长度的收缩因子 $b$ 以及表示在递归调用之外所完成的工作量的上界的指数 $d$[①]。在 MergeSort 中有 2 个递归调用，因此 $a=2$。每个递归调用接受输入数组的一半，因此 $b=2$。在递归调用之外所完成的工作是由 Merge 子程序所确定的，它的运行时间是线性的（第 1.5 节），所以 $d=1$。因此：

$$a=2=2^1=b^d$$

它满足主方法的第一种情况。插入参数之后，定理 4.1 告诉我们 MergeSort 的运行时间是 $O(n^d \log n)=O(n\log n)$，与我们在第 1.5 节的分析结果相同。

### 4.3.2 二分搜索

在第二个例子中，我们考虑的问题是在一个已经排序的数组中搜索一个特定的元素。例如，考虑在一本很厚的按姓名排序的电话簿中搜索自己的姓名[②]。我们可以从一开始进行线性的搜索，但这种方法完全没有利用到电话簿已经按姓名排序这个优点。更好的方法是观察电话簿中间位置，然后根据情况搜索前半部分（如果中间位置的姓名在自己姓名的后面）或后半部分（如果中间位置的姓名在自己姓名的前面）。这种在一个已经排序的数组中搜索特定元素的算法称为二分搜索[③]。二分搜索法的运行时间是什么呢？这个问题很容易回答，但我们还是通过主方法来处理。

---

① 我们所考虑的所有递归过程的基本条件的形式是标准递归过程所要求的，在这里不会对它们详细讨论。

② 年岁稍长的读者应该还知道电话簿的概念。

③ 如果读者以前没有接触到这种算法的代码，可以在自己所喜欢的编程入门教材中学习这块内容。

**小测验 4.2**

在二分搜索算法中，$a$、$b$ 和 $d$ 的值分别是什么呢？

（a）1，2，0 [情况 1]

（b）1，2，1 [情况 2]

（c）2，2，0 [情况 3]

（d）2，2，1 [情况 1]

（关于正确答案和详细解释，参见第 4.3.7 节）

## 4.3.3 整数乘法的递归算法

现在我们讨论非常适合主方法的内容，就是尚未知道运行时间上界的分治算法。我们首先从用于整数乘法的 RecIntMult 开始。第 4.1 节已经描述了这个算法的正确递归过程，具体如下：

$$T(n) \leqslant 4 \cdot T\left(\frac{n}{2}\right) + O(n)$$

由于 $a = 4$，$b = 2$ 并且 $d = 1$。因此

$$a = 4 > 2 = 2^1 = b^d$$

结果满足主方法的第三种情况。在这种情况中，我们得到的是看上去比较奇怪的运行时间上界 $O(n^{\log_b a})$。代入具体的参数值之后，结果是 $O(n^{\log_2 4}) = O(n^2)$。因此 RecIntMult 算法的性能与迭代式的小学整数相乘算法（也是使用 $n^2$ 级的操作数量）势均力敌，并没有更胜一筹。

## 4.3.4 Karatsuba 乘法

整数相乘的分治算法使用了高斯所发明的技巧从而节省了一次递归调用。正如我们在第 4.1 节所看到的那样，Karatsuba 算法的运行时间是由下面这个递归过程决定的：

$$T(n) \leqslant 3 \cdot T\left(\frac{n}{2}\right) + O(n)$$

它与前一个递归过程的区别仅在于 $a$ 从 4 变成了 3（$b$ 仍然是 2，$d$ 仍然是 1）。我们期望它的运行时间位于 $O(n \log n)$（当 $a = 2$ 时，如 MergeSort）和 $O(n^2)$（当 $a = 4$ 时，如 RecIntMult）之间。如果读者还是没有头绪，可以通过主方法得到快速的解决方案。由于

$$a = 3 > 2 = 2^1 = b^d$$

因此仍然满足主方法的第三种情况，但是运行时间的上界得到了改善：$O(n^{\log_b a}) = O(n^{\log_2 3}) = O(n^{1.59})$。

因此，节省一个递归调用能够获得更优秀的运行时间，而小学三年级所学习的整数相乘算法是达不到这个速度的！①

## 4.3.5　矩阵乘法

第 3.3 节讨论了两个 $n \times n$ 的矩阵相乘的问题。和整数乘法一样，我们讨论了 3 种算法，一种是简单而直接地迭代式算法，另一种是直接的 RecMatMult 递归算法，最后一种是构思精巧的 Strassen 算法。迭代式算法有 $\Theta(n^3)$级的操作数量（小测验 3.3）。RecMatMult 算法把两个输入矩阵分割为 4 个 $\frac{n}{2} \times \frac{n}{2}$ 的矩阵（每个矩阵分别是原始矩阵的四分之一），它在更小的矩阵上执行对应的 8 个递归调用，并将结果进行适当的组合（使用简单、直接的矩阵加法）。Strassen 算法很巧妙地确定了 7 对 $\frac{n}{2} \times \frac{n}{2}$ 矩阵，它们的乘积足以重新构建原始输入矩阵的乘积。

---

① 有趣的事实：在 Python 编程语言中，用于整数对象相乘的内置算法对于不超过 70 位的整数使用小学数学算法，否则就采用 Karatsuba 算法。

**小测验 4.3**

主方法为 RecMatMult 和 Strassen 算法所确定的运行时间上界分别是什么？

（a）$O(n^3)$和 $O(n^2)$

（b）$O(n^3)$和 $O(n^{\log_2 7})$

（c）$O(n^3)$和 $O(n^3)$

（d）$O(n^3 \log n)$和 $O(n^3)$

（关于正确答案和详细解释，参见第 4.3.7 节）

## 4.3.6 一个虚构的递归过程

在目前为止的 5 个例子中，有两个递归过程满足主方法的第一种情况，其余的都满足第三种情况。因此，我们很自然地想看到满足第二种情况的递归过程。

例如，假设有一个与 MergeSort 类似的分治算法，它在递归调用之外还需要花费更多的精力来完成平方级而不是线性的工作数量。也就是说，考虑下面这个递归过程：

$$T(n) \leqslant 2 \cdot T\left(\frac{n}{2}\right) + O(n^2)$$

因此可得 $a = 2 < 4 = 2^2 = b^d$。

此时正好满足主方法的第二种情况，因此运行时间上界是 $O(n^d) = O(n^2)$。这看上去有点不太直观。由于 MergeSort 算法在两个递归调用之外完成线性的工作，我们可能会预期加上一个平方级时间的组合步骤后其运行时间为 $O(n^2 \log n)$。主方法告诉我们这个预测高估了上界，它给出的是更优的上界 $O(n^2)$。引人注目的是，这意味着该算法的运行时间是由最外层调用所完成的工作数量所决定的，所有后续的递归调用所增加的操作数量只是常数级的①。

① 当我们在第 6 章讨论线性时间的选择时，会看到主方法第二个条件的另一个例子。

## 4.3.7 小测验4.2～4.3的答案

### 小测验4.2的答案

**正确答案：（a）**。二分搜索要么对输入数组的左半部分继续搜索，要么对右半部分继续搜索（不会同时对两者进行搜索），因此只有1个递归调用（$a=1$）。这个递归调用对输入数组的一半进行操作，因此$b$仍然等于2。在递归调用之外，二分搜索所执行的操作只是一个比较（数组中间元素的值与被搜索元素的值），以决定下一步是在数组的左半部分还是右半部分进行搜索。因此递归调用之外的工作量是$O(1)$，所以$d=1$。由于$a=1=2^0=b^d$，所以还是满足主方法的第一种情况，所以运行时间上界是$O(n^d \log n)=O(\log n)$。

### 小测验4.3的答案

**正确答案：（b）**。我们首先从RecMatMult算法（第3.3.4节）开始。假设$T(n)$表示该算法计算两个$n \times n$的矩阵相乘所执行的基本操作的最大数量。递归调用的数量是8个，每个递归调用对一对$\frac{n}{2} \times \frac{n}{2}$的矩阵进行操作，因此$b=2$。递归调用之外所完成的工作涉及常数级的矩阵加法，因此需要$O(n^2)$的运行时间（$n^2$个矩阵中的每个元素都需要常数级的时间）。因此，它的递归过程就是：

$$T(n) \leqslant 8 \cdot T\left(\frac{n}{2}\right)+O(n^2)$$

由于$a=8>4=2^2=b^d$

它满足主方法的第三种情况，所以运行时间的上界是$O(n^{\log_b a})=O(n^{\log_2 8})=O(n^3)$。

Strassen和上面这种递归算法的唯一区别在于前者的递归调用数量从8个减少到7个。Strassen所执行的矩阵加法确实要多于RecMatMult，但增加的数量只是常数级的，因此$d$仍然等于2。从而$a=7>4=2^2=b^d$。

它仍然满足主方法的第三种情况，但是它的运行时间上界得到了明显的改进：$O(n^{\log_b a})=O(n^{\log_2 7})=O(n^{2.81})$。

因此 Strassen 算法在渐进性方面确实要优于简单直接的迭代式算法！[1]

## *4.4 主方法的证明

本节对主方法（定理 4.1）进行证明。如果 $T(n)$是由标准递归过程所决定的，其形式如下：

$$T(n) \leqslant a \cdot T\left(\frac{n}{b}\right) + O(n^d)$$

则存在：

$$T(n) = \begin{cases} O(n^d \log n), & \text{如果} a = b^d \quad [\text{情况1}] \\ O(n^d), & \text{如果} a < b^d \quad [\text{情况2}] \\ O(n^{\log_b a}), & \text{如果} a > b^d \quad [\text{情况3}] \end{cases}$$

记住这 3 个自由参数的含义非常重要，其含义具体如下。

| 参数 | 含义 |
| --- | --- |
| $a$ | 递归调用的数量 |
| $b$ | 在递归调用中输入长度的收缩因子 |
| $d$ | 在递归调用之外所完成的工作量的指数 |

### 4.4.1 前言

主方法的证明是重要的，这并不是因为我们关注它自身形式的严谨性，而是因为它对事物的来龙去脉提供了基本的解释。例如，为什么主方法要分 3 种情况。有了这个概念之后，我们就可以区分主方法证明中两种类型的内容了。在某些时候，我们将求助于几何计算来理解其过程。这些计算过程值得一看，但站在长远

① 有大量的研究论文致力于日益精巧的矩阵乘法，它们的渐进性运行时间的最坏情况也是越来越好（尽管在实际实现中存在很大的常数因子）。当前的世界记录是运行时间上界大约为 $O(n^{2.3729})$，我们所知道的就是仍然有 $O(n^2)$级时间的算法有待发现。

的角度看并没有记住它们的必要。

值得记住的是主方法的 3 种情况的概念及意义。本证明将使用递归树方法（它在第 1.5 节对 MergeSort 算法的分析过程中发挥了很好的作用），并且这 3 种情况分别对应于 3 种不同类型的递归树。如果读者能够记住这 3 种情况的含义，就不需要再记忆主方法中的运行时间了。读者随时可以根据需要，按照自己对它的概念理解通过反向工程做到这一点。

对于正式的证明，我们应该在递归过程中明确写出所有的常数因子：

**基本条件**：$T(1) \leqslant \mathrm{c}$

**递归条件**：对于 $n>1$，$T(n) \leqslant a \cdot T\left(\frac{n}{b}\right)+\mathrm{c} \cdot n^{d}$ （4.3）

简单起见，我们假设常数 $n_0$ 指定了当基本条件生效时其值为 1，证明一个不同的常数 $n_0$ 也差不多。我们可以假设基本条件中被忽略的常数和递归条件中 $O(n^d)$ 项的常数为同一个数 c。如果它们是两个不同的常数，我们可以采用其中较大的那个。最后，我们把注意力集中在 $n$ 是 $b$ 的整数次方上。递归条件的证明也类似，它不需要额外的概念内容，只不过它的证明过程比较冗长乏味。

## 4.4.2 重温递归树

本证明的高级计划非常明显：对 MergeSort（第 1.5 节）的递归树参数进行归纳，使它能够涵盖关键参数 $a$、$b$ 和 $d$ 的其他值。记住，递归树提供了一种条理化的方法以记录一种递归算法在它的所有递归调用中完成的所有工作。递归树的节点对应于递归调用，每个节点的子节点对应于该节点所制造的递归调用（图 4.1）。因此，递归树的根（第 0 层）对应于算法最外层的递归调用，第 1 层具有 $a$ 个节点，分别对应于它所制造的每个递归调用，接下来以此类推。递归树最底层的叶节点对应于触发基本条件的递归调用。

在我们对 MergeSort 所进行的分析中，我们想要逐层计算递归算法所完成的工作。这个计划需要理解两个概念：某个特定的递归层 $j$ 的不同子问题的数量以及每个子问题的输入长度。

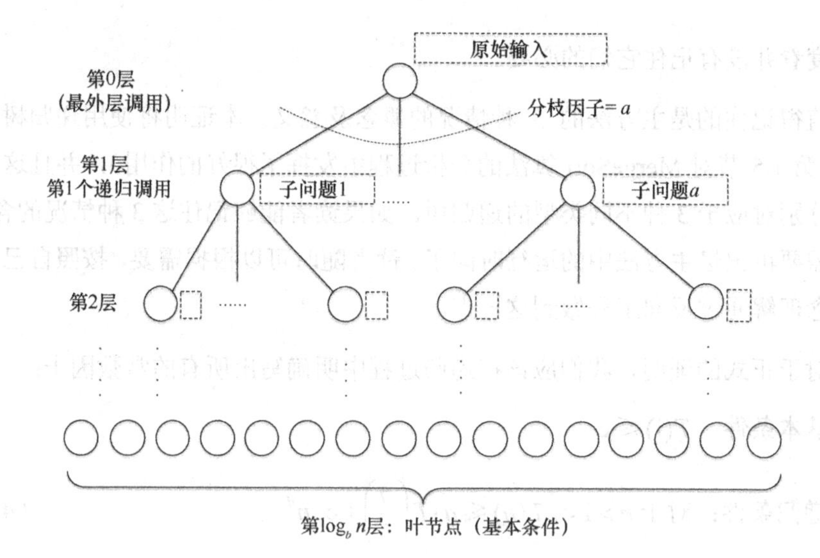


图 4.1 递归树对应于一个标准的递归过程。节点对应于递归调用。第 0 层对应于最外层调用，第 1 层对应于它制造的递归调用，接下来以此类推

**小测验 4.4**

模式是什么？在下面的空白处填空：在递归树的每一层 j = 0, 1, 2,…，都有________个子问题，每个子问题都对一个长度为________的子数组进行操作。

（a）分别是 $a^j$ 和 $n/a^j$

（b）分别是 $a^j$ 和 $n/b^j$

（c）分别是 $b^j$ 和 $n/a^j$

（d）分别是 $b^j$ 和 $n/b^j$

（关于正确答案和详细解释，参见第 4.4.10 节）

## 4.4.3 单层所完成的工作

受 MergeSort 分析的启发，我们的计划是用一种分治算法对第 $j$ 层子问题所执行的操作数量进行统计，然后把它累加上所有层次的工作上。现在，我们重点观察递归树的第 $j$ 层。根据小测验 4.4 的答案，第 $j$ 层一共有 $a^j$ 个不同的子问题，每个子问题的输入长度为 $n / b^j$。

我们只关心子问题的长度，因为它决定了递归调用所完成的工作量。我们的递归过程（4.3）表示第 $j$ 层子问题所完成的工作（不包括它制造的递归调用所完成的工作）最多不超过输入长度的 $d$ 次方的常数倍：$c(n/b^j)^d$。把第 $j$ 层所有 $a^j$ 个子问题累加起来就得到递归树的第 $j$ 层所完成的工作量的上界：

$$\text{第 } j \text{ 层的工作} \leqslant \underbrace{a^j}_{\text{子问题的}} \cdot \overbrace{c \cdot \underbrace{\left[\frac{n}{b^j}\right]^d}_{\text{输入长度}}}^{\text{每个子问题的工作}}$$

我们把依赖于第 $j$ 层的内容与不依赖第 $j$ 层的内容分离开来，对这个表达式进行简化：

$$\text{第 } j \text{ 层的工作} \leqslant cn^d \cdot \left[\frac{a}{b^d}\right]^j$$

不等式的右端最引人注目的是 $a/b^d$ 这个关键比率。$a$ 与 $b^d$ 的比值正好决定了其结果符合主方法的哪种情况，所以不需要对分析过程中明确出现这个比率而感到惊讶。

## 4.4.4 各层累计

一共有多少层呢？输入长度最初是 $n$，它在每一层的收缩因子是 $b$。由于我们假定 $n$ 是 $b$ 的整数次方，当长度为 1 时就满足基本条件，因此递归树的层次正好就是 $n$ 不断除以 $b$ 结果为 1 时的次数，也就是 $\log_b n$。把 $j = 0, 1, 2, \cdots, \log_b n$ 的所有层的工作相加就可以推导出下面这个神秘的运行时间上界（$n^d$ 与 $j$ 无关）：

$$\text{全部工作} \leqslant cn^d \cdot \sum_{j=0}^{\log_b n} \left[\frac{a}{b^d}\right]^j \qquad (4.4)$$

不管你是否相信，我们已经达成了证明主方法的一个重要里程碑。不等式（4.4）的右端看上去有点像神秘的字母“大杂烩”，但是通过适当的解释，它正是我们深入理解主方法的关键。

## 4.4.5 正义与邪恶：需要考虑3种情况

接下来我们讨论不等式（4.4）的运行时间上界的一些概念，并对主方法中的运行时间上界的来龙去脉培养一些直观的感觉。

为什么 $a$ 与 $b^d$ 这个比率非常重要呢？从根本上说，这个比率代表了“正义力量”和“邪恶力量”之间的激烈竞争。“邪恶力量”的代表是 $a$，也就是每个递归层的子问题增殖率（RSP），它是子问题数量爆炸性增长的扩张因子，是颇为吓人的。“正义力量”的代表是 $b^d$，也就是工作量的收缩率（RWS）。我们得到的好消息是在递归的每一层，每个子问题的工作量都会根据收缩因子 $b^d$ 进行缩减。[①] 于是，关键问题就变成了：

哪一方会获得胜利呢，是“正义方”还是“邪恶方”？主方法的3种情况准确对应于这场激烈竞争的3种可能结果：平局（RSP = RWS）、“正义方”获胜（RSP < RWS）或“邪恶方”获胜（RSP > RWS）。

为了更好地理解这个概念，我们可以花点时间考虑递归树的每一层所完成的工作量（如图4.1所示）。

什么情况下递归树的第 $j$ 层所完成的工作量会大于上一层？什么情况会小于前一层？有没有可能每一层所完成的工作量都是相同的？

**小测验 4.5**

下面这些说法哪些是正确的？（选择所有正确的说法）

（a）如果 RSP < RWS，则递归层次 $j$ 越深，它所完成的工作量就越少。

（b）如果 RSP > RWS，则递归层次 $j$ 越深，它所完成的工作量就越多。

（c）除非 RSP = RWS，否则无法推断递归层 $j$ 的工作量的变化。

（d）如果 RSP = RWS，则每个递归层所完成的工作量都是相同的。

（关于正确答案和详细解释，参见第4.4.10节）

---

① 为什么是 $b^d$ 而不是 $b$？因为 $b$ 是输入长度的收缩率，我们关心输入长度只是因为它决定了被完成的工作。例如，在一个具有平方时间组合步骤（$d = 2$）的分治算法中，当输入长度对半划分时（$b = 2$），解决每个更小的子问题所需要的工作只有原来的25%（因为 $b^d = 4$）。

## 4.4.6 预告运行时间上界

现在，我们理解了主方法为什么会有 3 种情况。它们是 3 种从根本上不同类型的递归树：一种是每层的工作量保持不变，一种是工作量逐层递减，还有一种是工作量逐层递增。$a$（RSP）和 $b^d$（RWS）的相对大小决定了分治算法的递归树类型。

更奇妙的是，我们现在有了足够直观的感觉对主方法中所出现的运行时间上界进行准确的预告。考虑第一种情况，当 $a = b^d$ 时，算法在递归树的每一层执行相同的工作量。我们当然知道在递归树的根即第 0 层所完成的工作量，它是在递归过程中明确指定的 $O(n^d)$。因为每一层都完成 $O(n^d)$的工作，并且一共有 $1 + \log_b n = O(\log n)$层，因此我们可以期望在这种情况下运行时间的上界为 $O(n^d \log n)$，正好符合定理 4.1 的第一种情况的运行时间上界。

在第二种情况中，$a < b^d$，正义方取得了胜利，每一层所完成的工作量是随着层次的加深而递减的。因此第 0 层所完成的工作要多于其他任何层。我们可以期望的最简单和最好的结果是递归树的根所完成的工作量决定了该算法的运行时间。由于递归树的根一共完成 $O(n^d)$的工作，因此这个最佳场景能够实现总体运行时间的上界为 $O(n^d)$，正好符合定理 4.1 的第二种情况的运行时间上界。

在第三种情况中，当子问题的增殖速度快于子问题的工作量缩减速度时，每一层所完成的工作量随着递归层次的加深而不断增加，递归树的叶节点所在层所完成的工作量是最多的。同样，最简单和最好的场景是运行时间上界是由叶节点所在层决定的。叶节点对应于触发基本条件的递归调用，因此每个叶节点只执行 $O(1)$的操作。

一共有多少个叶节点呢？根据小测验 4.4 的解决方案，我们知道 $j$ 层有 $a^j$ 个节点。叶节点都位于最后一层即 $j= \log_b n$ 层，因此一共有 $a^{\log_b n}$ 个叶节点。因此，在最佳场景下，运行时间上界为 $O(a^{\log_b n})$。

剩下来有待解析的神秘之处是我们对主方法的第三种情况所预告的运行时间上界 $O(a^{\log_b n})$与定理 4.1 所出现的实际上界（$O(n^{\log_b a})$）之间的联系。这个联系是：它们实际上是相同的！下面这个等式

$$\underbrace{a^{\log_b n}}_{\text{更直观}} = \underbrace{n^{\log_b a}}_{\text{更易于使用}}$$

看上去很像是新学代数的学生所犯的低级错误，但它实际上是正确的[①]。因此运行时间上界（$O(n^{\log_b a})$）表示递归树的叶节点层所完成的工作决定了运行时间上界，采取这种形式是为了方便插入参数（就如第 4.3 节所分析的整数相乘和矩阵相乘算法）。

### 4.4.7 最后的计算：第一种情况

我们仍然需要验证前一节的直觉实际上是正确的，完成这个任务就要通过形式证明。

前面这些计算累加起来所得到的是下面这个看上去有点吓人的分治算法运行时间上界，它以参数 $a$、$b$ 和 $d$ 的函数形式出现：

$$\text{总工作量} \leqslant cn^d \cdot \sum_{i=0}^{\log_b n} \left[\frac{a}{b^d}\right]^j \tag{4.5}$$

我们分析递归树某个特定的第 $j$ 层的工作量（包括它的 $a^j$ 个子问题和每个子问题需要完成的 $c(n/b^j)^d$ 的工作量），然后把各层的结果累加得到这个上界。

当“正义力量”和“邪恶力量”处于完美的平衡时（即 $a = b^d$），算法在每一层所执行的工作量相同，不等式（4.5）的右边可以戏剧性地简化为：

$$cn^d \cdot \sum_{j=0}^{\log_b n} \underbrace{\left[\underbrace{\frac{a}{b^d}}_{=1}\right]^j}_{1^j=1} = cn^d \cdot \underbrace{(1+1+\cdots+1)}_{(1+\log_b n)\text{个}}$$

其结果就是 $O(n^d \log n)$。[②]

---

① 为了验证这个等式，可以对两边取底为 $b$ 的对数：$\log_b(a^{\log_b n}) = \log_b n \cdot \log_b a = \log_b a \cdot \log_b n = \log_b(n^{\log_b a})$。（由于 $\log_b$ 是个严格递增的函数，所以只有当 $x$ 和 $y$ 相等时 $\log_b x$ 和 $\log_b y$ 才能相等。）

② 记住，由于不同算法函数的区别在于常数因子，所以不需要指定对数的底。

### 4.4.8 迂回之旅：几何级数

我们希望对于第二种和第三种类型的递归树（工作量分别是逐层递减和逐层递增），它们的总体运行时间是由难度最大的那一层（分别是根节点层和叶节点层）决定的。要想让这个希望成为现实，我们需要理解几何级数。所谓几何级数，就是指具有“$1+r+r^2+\cdots+r^k$”形式的表达式，其中 $r$ 是某个实数，$k$ 是某个非负整数。（对我们来说，$r$ 的值就是关键比率 $a/b^d$。）当我们看到像这样的参数化表达式时，事先想好一对经典参数值是种很好的思路。例如，如果 $r=2$，它就是 2 的正整数次方之和：$1+2+4+8+\cdots+2^k$。当 $r=1/2$ 时，它就是 2 的负整数次方之和：$1+\frac{1}{2}+\frac{1}{4}+\frac{1}{8}+\cdots+\frac{1}{2^k}$。

当 $r\neq 1$ 时，几何级别有一个非常实用的推导公式[①]：

$$1+r+r^2+\cdots+r^k=\frac{1-r^{k+1}}{1-r} \tag{4.6}$$

我们可以从这个公式中推导出两个非常重要的结论。首先，当 $r<1$ 时，

$1+r+r^2+\cdots+r^k\leqslant\frac{1}{1-r}$，$\frac{1}{1-r}$ 为一个常数（与 $k$ 无关）。

因此，每个满足 $r<1$ 的几何级数是由它的第一项所决定的。如果第一项是 1，则它的和也就是 $O(1)$。例如，不管累加了 1/2 的多少个整数次方，最终的和绝不会大于 2。

其次，当 $r>1$ 时，

$$1+r+r^2+\cdots+r^k=\frac{r^{k+1}-1}{r-1}\leqslant\frac{r^{k+1}}{r-1}-r^k\cdot\frac{r}{r-1}$$

因此，每个满足 $r>1$ 的几何级数是由它的最后一项所决定的。如果最后一项是 $r^k$，则这个几何级数的和最多就是一个常数因子（$r/(r-1)$）与它的乘积。例如，把 2 的整数次方累加到 1024，最终的和小于 2048。

---

① 为了验证这个等式，可以将两边都乘以 $1-r$，$(1-r)(1+r+r^2+\cdots+r^k)=1-r+r-r^2+r^2-r^3+r^3-\cdots-r^{k+1}=1-r^{k+1}$。

### 4.4.9 最后的计算：第二种情况和第三种情况

回到我们对不等式（4.5）的分析，假设 $a<b^d$。在这种情况下，子问题的增殖速度赶不上每个子问题的工作量的缩减速度，因此每一层的工作量随着递归树层次的加深而不断递减。设 $r=a/b^d$，由于 $a$、$b$、$d$ 都是常数（与输入长度 $n$ 无关），所以 $r$ 也是常数。由于 $r<1$，不等式（4.5）中的几何级数最大就是常数 $1/(1-r)$，因此不等式（4.5）的上界就变成了：

$$cn^d \cdot \underbrace{\sum_{j=0}^{\log_b n} r^j}_{O(1)} = O(n^d)$$

大 $O$ 表达式忽略了常数 c 和 $1/(1-r)$。这就证明了我们所希望的结果，在第二种类型的递归树中，算法所完成的总工作量是由树的根所完成的工作量决定的。

对于最后一种情况，假设 $a>b^d$，此时子问题的增殖速度超过了子问题的工作量的缩减速度。设 $r=a/b^d$，由于 $r$ 现在大于 1，所以几何级数的最终项决定了它的和，因此不等式（4.5）中的上界就变成了：

$$cn^d \cdot \underbrace{\sum_{j=0}^{\log_b n} r^j}_{O(r\log_b n)} = O(n^d \cdot r^{\log_b n}) = O\left(n^d \cdot \left(\frac{a}{b^d}\right)^{\log_b n}\right) \qquad (4.7)$$

等式（4.7）看上去有点杂乱，不过只要注意到其中一些明显可以约去的项，结果就会清晰很多。由于 $b$ 的指数和以 $b$ 为底的对数是互逆操作，我们可以采用下面的写法：

$$(b^{-d})^{\log_b n} = b^{-d\log_b n} = (b^{\log_b n})^{-d} = n^{-d}$$

因此，等式（4.7）中的 $(1/b^d)^{\log_b n}$ 项可以约去 $n^d$ 项，这样上界就成了 $O(a^{\log_b n})$，它证明了我们所希望的结果，即这种情况下总运行时间是由递归树的叶节点层的工作量所决定的。由于 $a^{\log_b n}$ 和 $n\log_b a$ 是相同的，所以我们就完成了主方法的证明。Q.e.d.

## 4.4.10 小测验 4.4～4.5 的答案

### 小测验 4.4 的答案

**正确答案（b）**。首先根据定义，递归树的“分枝因子”是 $a$，每个不触发基本条件的递归调用会制造一个新的递归调用。这意味着不同子问题的数量在每一层都要乘以 $a$。由于第 0 层只有 1 个子问题，所以第 $j$ 层共有 $a^j$ 个子问题。

对于答案的第二部分，还是按照定义，每一层的子问题的输入长度是根据 $b$ 这个因子收缩的。由于第 0 层的问题输入长度是 $n$，因此第 $j$ 层的所有子问题的输入长度都是 $n/b^j$。[①]

### 小测验 4.5 的答案

**正确答案（a）、（b）、（d）**。首先假设 RSP < RWS，这样“正义力量”就强于“邪恶力量”，每个子问题工作量的缩减速度快于子问题的增殖速度。在这种情况下，该算法所完成的工作量是逐层递减的。因此，第一个声明是正确的（因此第三个声明是错误的）。由于相似的原因，第二个声明也是正确的，如果子问题的增殖速度快于子问题需要完成的工作量的缩减速度，该算法完成的工作量就逐层递增。在最后一个声明中，当 RSP = RWS 时，“正义力量”和“邪恶力量”之间达成了完美的平衡。子问题的数量不断地增加，但是每个子问题所完成的工作量也按照相同的速率缩减。这两股力量相互抵消，因此递归树的每一层所完成的工作量都是相同的。

# 4.5 本章要点

- 递归过程根据递归调用所执行的操作数量表示运行时间上界 $T(n)$。

---

① 与 MergeSort 的分析不同，第 $j$ 层的子问题数量是 $a^j$ 并不意味着每个子问题的输入长度是 $n/a^j$。在 MergeSort 中，第 $j$ 层子问题的输入拼合起来正好是原始输入，这与许多其他分治算法并不相同。例如，在我们的递归整数相乘算法和矩阵相乘算法中，原始输入的各个部分会在不同的递归调用中被重复使用。

- 标准递归过程$T(n)\leqslant aT\left(\frac{n}{b}\right)+O(n^d)$是由3个参数所定义的：表示递归调用数量的$a$、表示输入长度收缩因子的$b$和组合步骤的运行时间的指数$d$。
- 主方法为每个标准递归过程提供了一个渐进性上界。它的形式是一个$a$、$b$和$d$的函数：如果$a=b^d$，则该函数是$O(n^d\log n)$；如果$a<b^d$，则该函数是$O(n^d)$；如果$a>b^d$，则该函数是$O(n^{\log_b a})$。
- 特殊例子包括MergeSort的$O(n\ \log\ n)$、Karatsuba的$O(n^{1.59})$和Strassen的$O(n^{2.81})$。
- 主方法的证明是对用于分析MergeSort的递归树参数进行归纳。
- $a$和$b^d$这两个量分别表示“邪恶力量”（子问题的增殖速率）和“正义力量”（工作量的收缩率）。
- 主方法的3种情况对应于3种不同类型的递归树：每一层完成相同数量工作的递归树（“正义方”和“邪恶方”打成平局）；工作量逐层递减（“正义方”取得胜利）；工作量逐层递增（“邪恶方”取得胜利）。
- 几何级数的属性提示递归树的根所完成的工作量（$O(n^d)$）决定了第二种情况下的总体运行时间，而叶节点所在层完成的工作量（$O(a^{\log_b n})=O(n^{\log_b a})$）决定了第三种情况下的总体运行时间。

## 4.6 习题

**问题4.1** 回顾主方法（定理4.1）和它的3个参数$a$、$b$和$d$。下面哪种说法可以最好地描述$b^d$？

（a）总工作量的增长率（在递归的每一层）。

（b）子问题数量的增长率（在递归的每一层）。

（c）子问题的输入长度的收缩率（在递归的每一层）。

（d）每个子问题的工作量的收缩率（在递归的每一层）。

**问题 4.2** 接下来的 3 个问题提供了主方法的进一步实践。假设一种算法的运行时间 $T(n)$是由一个标准递归过程$T(n) \leqslant 7 \cdot T\left(\frac{n}{3}\right)+O(n^2)$确定上界的。下面哪个是该算法正确的渐进性运行时间的最小上界？

（a）$O(n\log n)$

（b）$O(n^2)$

（c）$O(n^2\log n)$

（d）$O(n^{2.81})$

**问题 4.3** 假设一种算法的运行时间 $T(n)$是由一个标准递归过程$T(n) \leqslant 9 \cdot T\left(\frac{n}{3}\right)+O(n^2)$确定上界的。下面哪个是该算法正确的渐进性运行时间的最小上界？

（a）$O(n\log n)$

（b）$O(n^2)$

（c）$O(n^2\log n)$

（d）$O(n^{3.17})$

**问题 4.4** 假设一种算法的运行时间 $T(n)$是由一个标准递归过程$T(n) \leqslant 5 \cdot T\left(\frac{n}{3}\right)+O(n)$确定上界的。下面哪个是该算法正确的渐进性运行时间的最小上界？

（a）$O(n^{\log_5 3})$

（b）$O(n\log n)$

（c）$O(n^{\log_3 5})$

（d）$O(n^{5/3})$

（e）$O(n^2)$

（f）$O(n^{2.59})$

## 挑战题

**问题 4.5** 假设一种算法的运行时间 $T(n)$是由（非标准）递归过程 $T(1)=1$ 和 $T(n)\leqslant\left\lfloor\sqrt{n}\right\rfloor+1$（当 $n>1$ 时）[①]确定上界的。下面哪个是该算法正确的渐进性运行时间的最小上界？**【注意，此时主方法不再适用！】**

（a）$O(1)$

（b）$O(\log\log n)$

（c）$O(\log n)$

（d）$O(\sqrt{n})$

---

① $\lfloor x\rfloor$表示“地板”函数，它把参数向下取最接近的整数。

# 第5章

# 快速排序（QuickSort）

本章讨论快速排序（QuickSort）。如果要排个“算法名人堂”，快速排序应该能够第一批入选。在高级层次上地描述了该算法的工作原理之后（第 5.1 节），我们讨论怎样在线性时间内根据一个“基准（pivot）元素”对数组进行划分（第 5.2 节），并讨论如何选择良好的基准元素（第 5.3 节）。第 5.4 节讨论了随机化的 QuickSort，第 5.5 节证明了它对 $n$ 个元素的数组进行排序的渐进性平均运行时间为 $O(n \log n)$。第 5.6 节证明不会有任何“基于比较”的排序算法能够比 $O(n \log n)$ 更快，从而为排序的讨论画上了一个完美的句号。

## 5.1 概述

如果询问专业的计算机科学家或者程序员（包括作者本人），他们心目中排名前十的算法是哪些，我们会发现 QuickSort 将出现在许多人的答案中。为什么会这样？我们已经知道了一种速度快得炫目的排序算法（MergeSort），为什么还需要另一种排序算法呢？

从实用的角度看，QuickSort 的竞争力较之 MergeSort 也毫不逊色，在某些方面甚至更加优越。基于这个原因，它是许多程序库的默认排序方法。和 MergeSort 比较，QuickSort 的一个巨大优点是它是原地排序的，它反复交换元素，直接在输入数组中进行操作。由于这个原因，它只需要分配极少的额外内存用于中间计算。从美学的角度看，QuickSort 是一种引人注目的优雅算法，并且具有同等优雅的运行时间分析。

### 5.1.1 排序

QuickSort 算法解决了对数组进行排序的问题，它与第 1.4 节所处理的问题相同。

| 问题：排序 |
| --- |
| **输入**：包含 $n$ 个以任意顺序出现的数的数组。 |
| **输出**：包含相同数的数组，它们已经按照从小到大的顺序排序。 |

因此，如果输入数组是

| 3 | 8 | 2 | 5 | 1 | 4 | 7 | 6 |
| --- | --- | --- | --- | --- | --- | --- | --- |

则正确的输出数组是

| 1 | 2 | 3 | 4 | 5 | 6 | 7 | 8 |
| --- | --- | --- | --- | --- | --- | --- | --- |

和我们对 MergeSort 的讨论一样，简单起见，我们假设输入数组中的元素都是不同的，没有重复的值。[①]

### 5.1.2 根据基准元素进行划分

QuickSort 是围绕一种用于“部分排序”的快速子程序而建立的，这个子程序的任务就是根据一个“基准（pivot）元素”对数组进行划分。

**步骤 1：选择一个基准元素**。首先，从数组中选择一个元素，把它作为基准

① 如果需要自己实现 QuickSort，就要在这个地方提高警惕。如果想要正确、高效地处理重复值，那你需要使用一些技巧，它较之 MergeSort 要复杂一些。关于这方面的详细讨论，您可以参考 Robert Sedgewick 和 Kevin Wayne 的著作 *Algorithms*（Addison-Wesley，2011）的第 2.3 节。

元素。第 5.3 节将会详细讨论怎么选择基准元素。现在，我们就不假思索地直接使用数组的第一个元素（也就是上面的“3”）作为基准元素。

**步骤 2：根据这个基准元素重新排列数组**。选择了基准元素 $p$ 之后，下一个任务就是对数组中的元素进行排列，使数组中 $p$ 之前的所有元素都小于 $p$，在 $p$ 之后的所有元素都大于 $p$。例如，根据上面的输入数组，下面是一种合理的重新排列元素的方式：

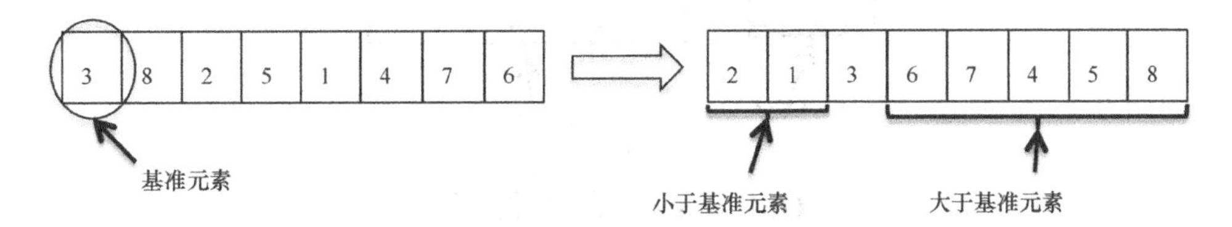


这个例子清楚地说明了基准元素之前的元素并不需要按照正确的顺序放置（图中“1”和“2”的位置放反了），基准元素之后的元素也是如此。这个划分子程序把数组的（非基准）元素放在两个桶里，一个是放置小于基准元素的桶，另一个是放置大于基准元素的桶。

下面是这个划分子程序的两个关键特性。

**快速**。这种划分子程序具有非常炫目的实现速度，它的运行时间是线性的 $O(n)$。更妙的是这个子程序能够在原地实现，除输入数组所占用的内存之外，不需要再为它分配内存[①]，这也是 QuickSort 能够成为实用工具的关键原因。第 5.2 节将详细讨论这种实现。

**明确的进展**。围绕一个基准元素对数组进行划分对数组的排序起到了很大的帮助。首先，基准元素本身处于正确的位置，意味着它在排序之后的输入数组中也是处于相同的位置（所有小于它的元素在它之前，所有大于它的元素在它之后）。其次，这种划分把排序问题分割成两个更小的子问题：对小于基准元素的元素进行排序（它们很方便地在自己的子数组中原地排序）以及对大于基准元素的元素进行排序（也是在它们自己的子数组中原地排序）。

① 这就与 MergeSort（第 1.4 节）形成鲜明的对比，后者需要反复地把元素从一个数组复制到另一个数组。

在递归地对这两个子数组中的元素进行排序之后，这个算法就完成了任务！[①]

## 5.1.3 高级描述

在 QuickSort 算法的高级描述中，数组的“第一部分”和“第二部分”分别表示小于基准的元素和大于基准的元素：

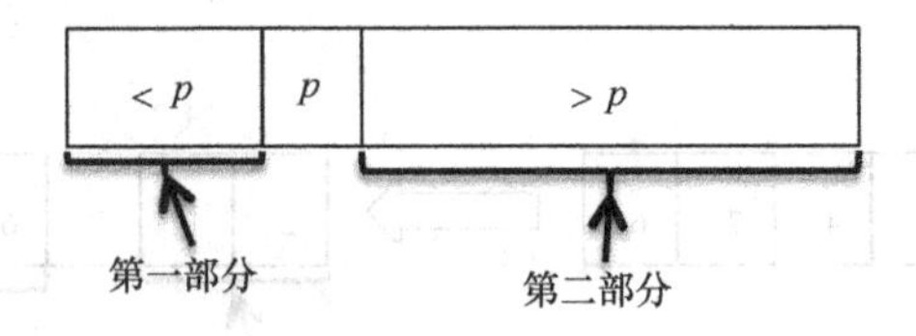


**QuickSort（高级描述）**

**输入：**包含 $n$ 个不同整数的数组 $A$。

**处理结果：**$A$ 的元素从小到大排序。

```
if n ≤ 1 then          //基本条件—已经排序
   return
选择一个基准元素 p      // 有待实现
围绕 p 对 A 进行划分    // 有待实现
递归地对 A 的第一部分进行排序
递归地对 A 的第二部分进行排序
```

虽然 MergeSort 和 QuickSort 都是分治算法，但它们的操作顺序是不同的。在 MergeSort 中，首先执行的是递归调用，然后是组合步骤 Merge。在 QuickSort 中，递归调用出现在划分之后，它们的结果并不需要进行组合！[②]

## 5.1.4 内容前瞻

接下来需要完成的工作包括：

---

① 如果选择了最小元素或最大元素为基准元素，其中一个子问题可能为空。在这种情况下，对应的递归调用可以被跳过。

② QuickSort 是 Tony Hoare 在 1959 年发明的，当时他年仅 25 岁。Hoare 后来继续致力于编程语言的研究，做出了许多重要的贡献。他于 1980 年获得了 ACM 图灵奖，这个奖相当于计算机科学界的诺贝尔奖。

1. 怎么实现划分子程序？（第 5.2 节）

2. 怎么选择基准元素？（第 5.3 节）

3. QuickSort 的运行时间是什么？（第 5.4 和 5.5 节）

另一个问题是："我们真的确信 QuickSort 对输入数组进行了正确的排序吗？"我一般对这种准确性问题的论证兴趣不大，因为学生们一般对分治算法的正确性拥有强烈且准确的直觉。（把这个问题与理解分治算法的运行时间进行比较，后者不是那么显而易见！）如果读者仍然心怀疑虑，通过归纳证明法对 QuickSort 的正确性进行论证也是非常简单的。[1]

## 5.2 围绕基准元素进行划分

接下来，我们详细讨论怎样围绕基准元素对数组进行划分，也就是对数组进行重新排列，使之看上去像下面这样：

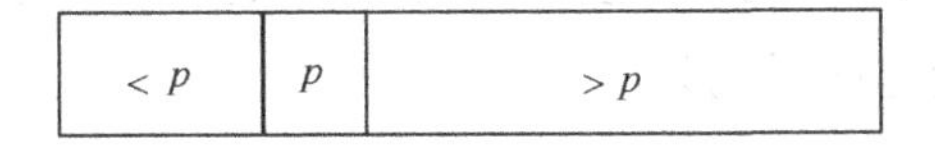


### 5.2.1 简易方法

如果我们并不介意分配额外的内存，实现线性的划分子程序是相当简单的。一种方法是对输入数组 $A$ 进行一遍扫描，并把它的非基准元素逐个复制到一个相同长

---

① 根据附录 A 所讨论的数学归纳法模板，设 $P(n)$表示语句"对于每个长度为 $n$ 的输入数组，QuickSort 可以对它进行正确的排序。"基本条件（$n = 1$）比较无趣：只有 1 个元素的数组肯定已经排序，因此 QuickSort 在这种情况下直接就是正确的。在归纳步骤中，确定一个任意的正整数 $n \geqslant 2$。我们可以假定归纳假设（即对于所有的 $k < n$，$P(k)$都是正确的），意味着 QuickSort 可以正确地对每个元素数量小于 $n$ 的数组进行排序。

在划分步骤之后，基准元素 $p$ 的位置就与它在最终排好序的输入数组中的位置相同。$p$ 之前的元素与输入数组的排序版本中 $p$ 之前的元素相同（很可能相对顺序并不正确），对于 $p$ 之后的元素也是如此。因此，唯一剩下的任务就是对 $p$ 之前的元素进行重新组织，使之按序排列。对于 $p$ 之后的元素也是执行类似的操作。由于两个递归调用都是作用于长度最多为 $n-1$ 的子数组上（如果没有别的，$p$ 就被排除），归纳假设提示这两个调用都对它们的子数组进行了正确的排序。这样就完成了归纳步骤，证明了 QuickSort 算法的正确性。

度的新数组 $B$ 中，小于 $p$ 的元素复制到数组 $B$ 的前面，大于 $p$ 的元素复制到数组 $B$ 的后面。在处理完了所有的非基准元素之后，就可以把基准元素复制到数组 $B$ 中剩下的那个位置。对于5.1节的这个输入数组例子，计算过程中间的一个快照如下：

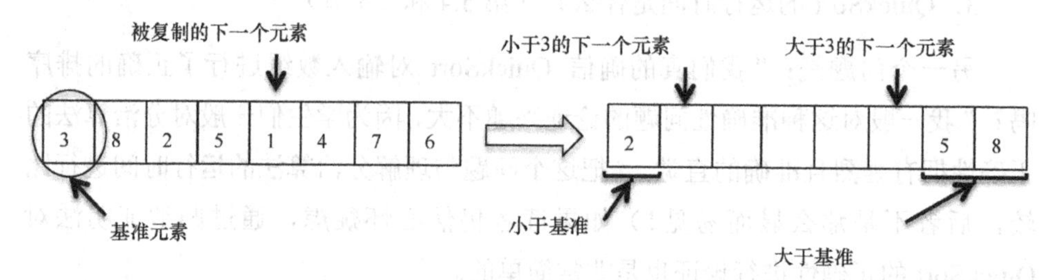


由于这个子程序对于输入数组中 $n$ 个元素中的每一个元素都只执行 $O(1)$的工作，所以它的运行时间是 $O(n)$。

## 5.2.2 原地实现：高级计划

围绕一个基准元素划分数组时，怎么才能做到几乎不需要分配额外的内存呢？我们的高级方法就是对数组进行一遍扫描，根据需要交换元素，使数组在这遍扫描之后就正确地完成了划分。

假设基准元素是数组的第一个元素，我们可以在一个预处理步骤中把基准元素与数组的第一个元素进行交换，这个操作可以在 $O(1)$时间内完成。当我们扫描并转换输入数组时，要小心谨慎，确保它具有下面的形式：

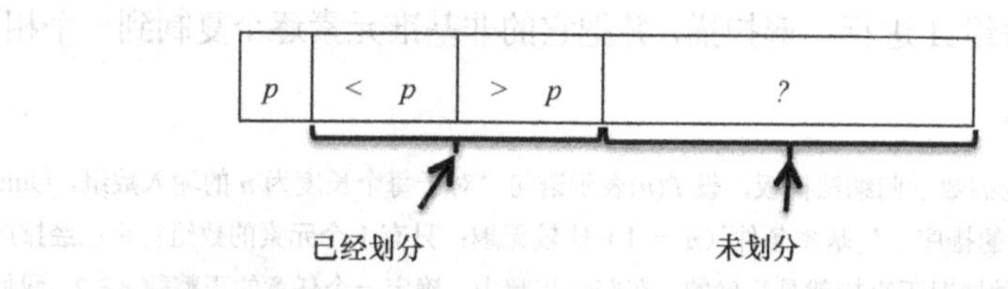


也就是说，这个子程序维持下面这个不变性[①]：第一个元素是基准元素，接着是所有已经处理的非基准元素，所有小于基准的元素都在大于基准的所有元素的前面，然后是按任意顺序出现的尚未处理的非基准元素。

如果我们能够成功完成这个计划，那么在线性扫描结束时就完成了对数组的

① 算法的不变性是它的一个属性，指在它执行时的一个规定点（例如在每次循环迭代的末尾）总是正确的。

转换，其形式如下：

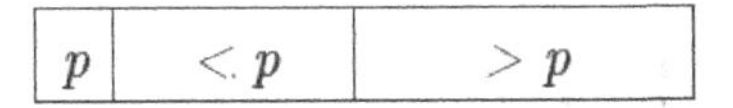


最后，为了完成划分，我们把基准元素与小于它的最后一个元素进行交换：

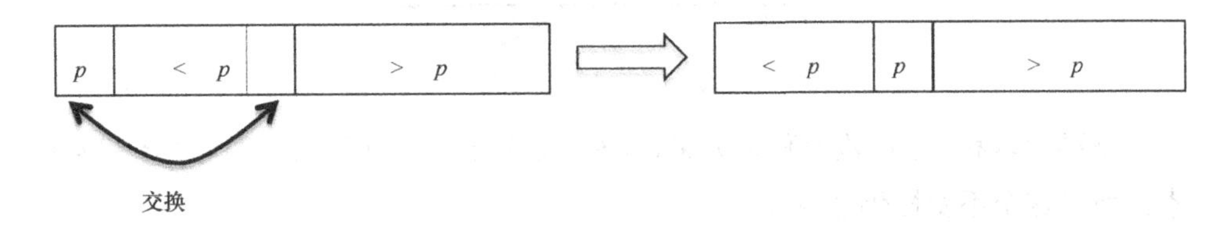


## 5.2.3 例子

接下来，我们通过一个具体的例子来详细讨论原地划分子程序。在看到它的代码之前就在一个程序例子中观察它的执行步骤，这看上去有点奇怪，但是请相信我，这是理解这个子程序的最快捷径。

在我们的高级计划的基础之上，我们希望记录两个边界。其中一个是已经观察的非基准元素和尚未观察的非基准元素之间的边界，另一个是第一组中小于基准的元素和大于基准的元素之间的边界。我们将使用索引 $j$ 和 $i$ 来记录这两个边界。我们所期望的不变性可以重新作以下描述。

不变性：基准元素和 $i$ 之间的所有元素都小于基准元素，$i$ 和 $j$ 之间的所有元素都大于基准元素。

$i$ 和 $j$ 都被初始化为基准元素和剩余元素之间的边界。基准元素和 $j$ 之间没有元素，此时这个不变性就简单地成立：

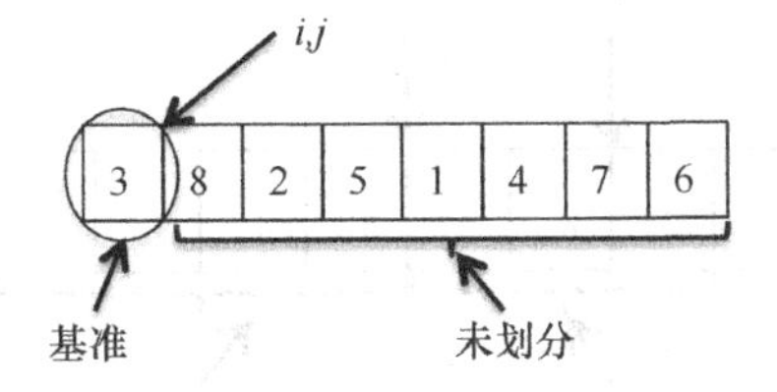


在每次迭代时，这个子程序观察一个新元素，并把 $j$ 的值加 1。为了维持这个不变性，可能需要其他工作，也可能不需要。在这个例子中，当我们第一次把

$j$ 的值加1时，得到下面的结果：

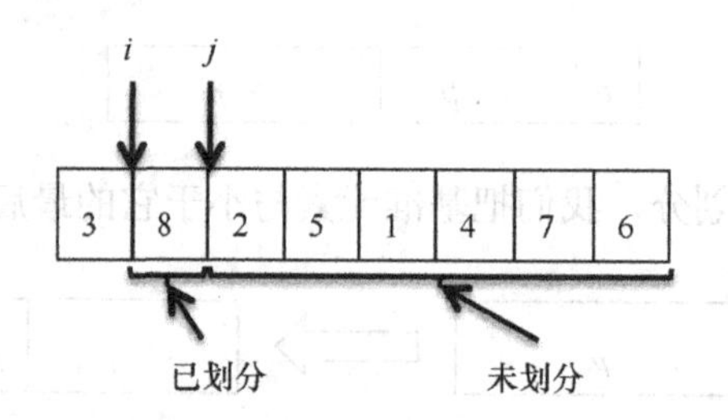


基准元素和 $i$ 之间没有任何元素，$i$ 和 $j$ 之间的唯一元素（“8”）大于基准元素，所以这个不变性仍然成立。

现在情况变得复杂了。再次把 $j$ 的值加1之后，$i$ 和 $j$ 之间就又有了一个元素，它（“2”）小于基准元素，这就违反了这个不变性。为了恢复这个不变性，我们把“8”与“2”进行交换，同时把 $i$ 的值加1，这样 $i$ 就位于“2”和“8”之间，我们再次明确了已处理元素中小于基准的元素和大于基准的元素之间的边界：

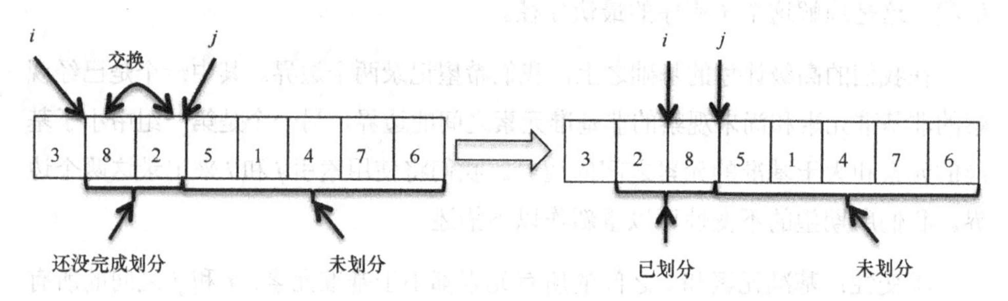


第三次迭代与第一次迭代相似。我们处理下一个元素（“5”）并把 $j$ 的值加1。由于这个新元素大于基准元素，所以这个不变性仍然成立，不需要再做其他事情：

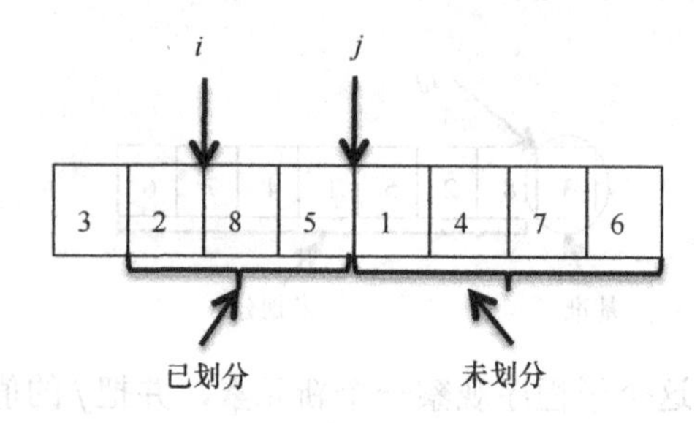


第四次迭代与第二次迭代相似。把 $j$ 的值加1就在 $i$ 和 $j$ 之间插入了一个小

于基准的元素（“1”），这就违背了不变性。但是恢复这个不变性也是非常简单的，只要把“1”与大于基准的第一个元素（“8”）进行交换并把 $i$ 的值加 1，这样就更新了已处理元素中小于基准的元素和大于基准的元素之间的边界：

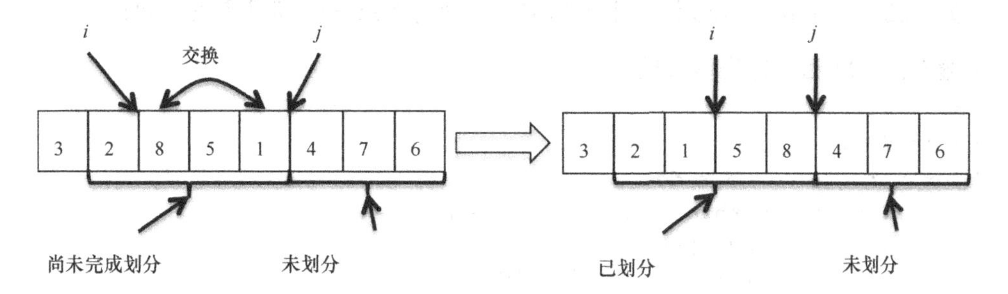


最后 3 个迭代过程所处理的元素都大于基准元素，所以在增加 $j$ 的值之外不需要做其他操作。在所有的元素都被处理并且基准元素之后的所有元素都完成划分之后，我们就可以完成最后一个步骤，把基准元素与小于它的最后一个元素进行交换：

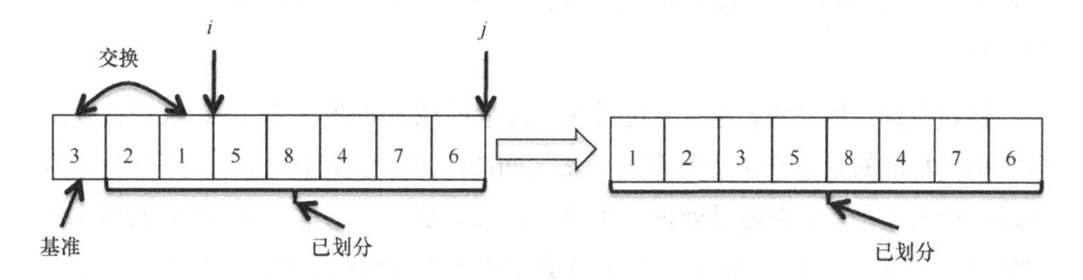


正如要求的那样，在最终的数组中，所有小于基准的元素出现在基准元素之前，所有大于基准的元素出现在基准元素之后。至于“1”和“2”符合顺序则纯属巧合。基准元素之后的元素很显然并不是有序排列的。

## 5.2.4 Partition 子程序的伪码

观察了这个例子之后，Partition 子程序的伪码正如我们所期望的那样。[①]

---

① 如果浏览网络上的其他教科书，读者会发现这个子程序的一些不变性在细节上存在差异。（甚至有个匈牙利乡间舞蹈家所完成的一个版本！）这些不变性对于我们的目的而言都是合适的。

**Partition**

**输入**：包含$n$个不同整数的数组$A$，左、右端点$\ell$，$r\in\{1,2,\cdots,n\}$，且$\ell<r$。

**处理结果**：子数组的元素$A[\ell],A[\ell+1],\cdots$，$A[r]$已经围绕$A[\ell]$完成了划分。

**输出**：基准元素的最终位置。

```
p := A[l]
i := ℓ+ 1
for j := ℓ + 1 to r do
    if A[j] < p then    // 如果A[j] > p，不需要操作
        交换A[j]和A[i]
        i := i + 1      // 恢复不变性
交换A[l]和A[i - 1]      // 正确放置基准元素
return  i - 1           // 报告最终的基准位置
```

Partition 子程序接受输入数组 $A$，但它只对包含元素$A[\ell],\cdots,A[r]$的子数组进行操作，其中$\ell$和$r$都是特定的参数。后面将会看到，QuickSort 的每个递归调用将负责原始输入数组的一个特定的连续子集，而参数$\ell$和$r$指定了对应的端点。

例如在这个例子中，索引$j$记录哪些元素已经被处理，索引$i$记录已处理元素中小于基准的元素和大于基准的元素之间的边界（使$A[i]$成为大于基准的元素中最左边的那个，前提是已处理元素中存在大于基准的元素）。for 循环的每次迭代处理一个新的元素。类似的，当新元素$A[j]$大于基准元素时，这个不变性就自动成立，不需要做其他操作。否则，这个子程序就通过把新元素$A[j]$与大于基准元素的最左边元素$A[i]$进行交换以维持这个不变性，然后把$i$的值加1，更新小于基准的元素和大于基准的元素之间的边界[①][②]。正如之前所介绍的那样，最后

---

① 如果此时还没有遇到大于基准的元素，不需要进行交换。包含已处理元素的子数组已经简单地完成了划分。但是这种额外的交换也是无害的（读者应该可以验证），因此我们还是沿用这个简单的伪码。

② 为什么这种交换和索引加1的操作总是能够维护不变性？在$j$的最近一次加1之前，不变性是能够维持的（根据归纳所得出的结论）。这意味着$A[\ell+1],\cdots,A[i-1]$范围内的所有元素都小于基准元素，而$A[i],\cdots,A[j-1]$范围内的所有元素都大于基准元素。在交换了$A[i]$和$A[j]$之后，$A[\ell+1],\cdots,A[i]$范围内的元素都小于基准元素，$A[i+1],\cdots,A[j]$范围内的元素都大于基准元素。把$i$的值加1之后，$A[\ell+1],\cdots,A[i-1]$范围内的元素都小于基准元素，$A[i],\cdots,A[j-1]$范围内的元素都大于基准元素，从而恢复了不变性。

一个步骤就是把基准元素交换到它的正确位置，与小于它的最右边元素进行交换。Partition 子程序的最后一步就是把这个位置报告给调用它的 QuickSort。

这种实现具有令人炫目的速度。对于相关子数组的每个元素 $A[\ell],\cdots,A[r]$，它只执行常数级的操作，因此它在子数组上的运行时间是线性的。

重要的是，这个子程序是在原地对子数组进行操作的，除了像 $i$ 和 $j$ 这种用于记录位置的变量的 $O(1)$级内存之外，它不需要分配额外的内存。

### 5.2.5 QuickSort 的伪码

现在我们已经完整地描述了 QuickSort 算法，暂时不理会用于选择基准元素的子程序 ChoosePivot 的细节。

**QuickSort**

**输入**：包含 $n$ 个不同整数的数组 $A$，左、右端点 $\ell, r \in \{1, 2, \cdots, n\}$，且 $\ell < r$。

**处理结果**：子数组的元素 $A[\ell], A[\ell+1], \cdots, A[r]$ 已经按照从小到大的顺序完成了排序。

```
if l⩾r then                       // 0个或1个元素的子数组
    return
i := ChoosePivot(A,l , r)          // 有待实现
swap A[l] and A[i]                 // 首先确定基准元素
j := Partition(A;l; r)             //  j 为新的基准位置
QuickSort(A, l, j - 1)             // 对第一部分进行递归操作
QuickSort(A, j + 1; r)             // 对第二部分进行递归操作
```

为了对一个包含 $n$ 个元素的数组 $A$ 进行排序，只要调用 QuickSort($A$, 1, $n$)就可以了。[1]

## 5.3 良好的基准元素的重要性

QuickSort 是不是一种快速的算法？衡量这个问题的标准有点高：像 InsertionSort

① 数组 $A$ 总是通过引用传递的，也就是说所有的函数调用都是直接在输入数组的原始拷贝上进行操作的。

这样的简单排序算法的运行时间是平方级的（$O(n^2)$），我们已经知道有一种排序算法（MergeSort）的运行时间是 $O(n \log n)$。这个问题的答案取决于 ChoosePivot 子程序是如何实现的。这个子程序从一个指定的子数组中选择一个元素。为了使 QuickSort 变得快速，很重要的一点就是要选择“良好的”基准元素。也就是说，基准元素可以产生两个大小大致相等的子问题。

### 5.3.1 ChoosePivot 的简单实现

在 QuickSort 的概述中，我们提到了一种简单的实现，总是挑选第一个元素为基准元素。

**ChoosePivot（简单实现）**

**输入：** 包含 $n$ 个不同整数的数组 $A$，左右两端点 $\ell, r \in \{1, 2, \cdots, n\}$。

**输出：** 索引 $i \in \{\ell, \ell+1, \cdots, r\}$。

```
return  ℓ;
```

这种简单的实现是否已经够好？

**小测验 5.1**

采用 ChoosePivot 的简单实现后，当输入数组已经排序时，QuickSort 算法的运行时间是什么？

（a）$\Theta(n)$

（b）$\Theta(n \log n)$

（c）$\Theta(n^2)$

（d）$\Theta(n^3)$

（关于正确答案和详细解释，参见第 5.3.3 节）

### 5.3.2 ChoosePivot 的过度实现

小测验 5.1 描绘了使用 QuickSort 可能出现的最差场景，每个递归调用只能消除一个元素。那么最佳场景是什么呢？最完美的平衡划分点是由数组的中位元素实现的。所谓中位元素，就是数组中大于它的元素和小于它的元素数量基本相同。因此，如果我们想要付出更多的努力来确定基准元素，可以计算特定子数组的中位元素[①]。

**ChoosePivot（过度实现）**

**输入**：包含 $n$ 个不同整数的数组 $A$，左右两端点 $\ell, r \in \{1, 2, \cdots, n\}$。

**输出**：索引 $i \in \{\ell, \ell+1, \cdots, r\}$。

```
return A[ℓ],⋯,A[r] 的中位元素的位置
```

我们将在第 6 章看到，数组的中位元素可以在与数组长度成正比的线性时间内计算出来。我们直接把它作为结论用在下一个小测验中[②]。付出如此多的努力算出理想的基准元素是不是可以得到良好的回报呢？

**小测验 5.2**

采用了 ChoosePivot 的过度实现之后，QuickSort 对一个任意的 $n$ 元素数组进行排序的运行时间是什么？假设 ChoosePivot 子程序的运行时间是 $\Theta(n)$。

（a）缺乏足够信息，无法回答

（b）$\Theta(n)$

（c）$\Theta(n \log n)$

（d）$\Theta(n^2)$

（关于正确答案和详细解释，参见第 5.3.3 节）

## 5.3.3 小测验 5.1～5.2 的答案

### 小测验 5.1 的答案

**正确答案：（c）**。简单选择的基准元素加上已经排序的输入数组会导致

---

① 例如，一个元素为{1,2,3,⋯,9}的数组的中位元素是 5。对于长度为偶数的数组，中位元素就有两个合适的选择，任何一个都满足我们的需要。因此在一个元素为{1,2,3,⋯,10}的数组中，5 或 6 都可以认为是中位元素。

② 读者现在应该知道怎样在 $O(n \log n)$时间内确定一个数组的中间元素。（提示：排序！）

QuickSort 的运行时间达到$\Theta(n^2)$，这比 MergeSort 要糟得多，和 InsertionSort 这样的简单算法相比也没什么优势。哪里出了问题？QuickSort 的最外层调用在执行 Partition 子程序时把第一个（最小）元素作为基准元素，所以不会采取任何动作：它扫描整个数组，由于它所遇到的元素都大于基准元素，所以不需要交换任何元素。在这次调用 Partition 完成后，画面就变成了：

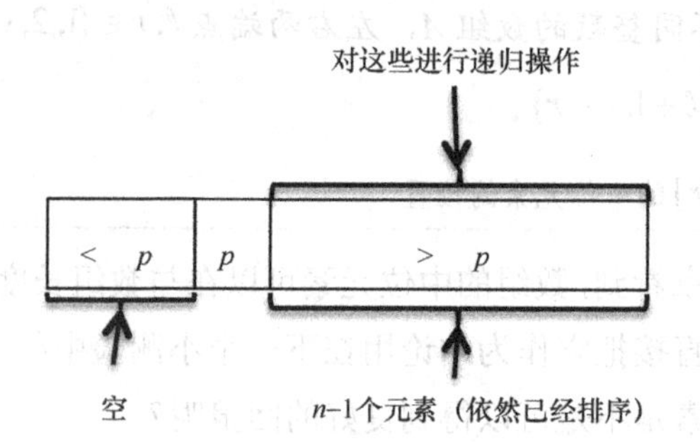


在非空的递归调用中，这个场景不断重现：子数组已经排序，第一个（最小）元素被选作基准元素，然后产生一个空的递归调和和一个对 $n$–2 个元素的子数组进行操作的递归调用，接下来依此类推。

最终，Partition 子程序依次在长度为 $n$、$n$–1、$n$–2、…、2 的子数组上被调用。由于调用一次 Partition 所完成的工作与传递给该调用的子数组的长度成正比，因此 QuickSort 所完成的总工作量与下面这个结果成正比：

$$\underbrace{n+(n-1)+(n-2)+\cdots+1}_{\theta(n^2)}$$

因此，它的运行时间是输入长度的平方。①

## 小测验 5.2 的答案

**正确答案：（c）**。在这个最佳场景中，QuickSort 的运行时间是$\Theta(n\log n)$。原因是支配它的运行时间的递归过程与 MergeSort 的是相同的。也就是说，如果 $T(n)$表示这种实现的 QuickSort 对长度为 $n$ 的数组进行排序的运行时间，则

① 观察 $n+(n-1)+(n-2)+\cdots+1=\Theta(n^2)$的一个简单方法是注意到它最大不会超过 $n^2$（每个 $n$ 项最大不超过 $n$），最小不会低于 $n^2/4$（前 $n/2$ 项至少为 $n/2$）。

$$T(n)=\underbrace{2\cdot T\left(\frac{n}{2}\right)}_{\text{由于基准元素=中位元素}}+\underbrace{\Theta(n)}_{\text{选择基准元素及划分}}$$

QuickSort 在它的递归调用之外所完成的主要工作发生在 ChoosePivot 和 Partition 子程序中。我们假设前者的运行时间是$\Theta(n)$，第 5.2 节证明了后者的运行时间也是$\Theta(n)$。由于我们使用了中位元素作为基准元素，所以可以实现输入数组的完美划分，每个递归调用最多对不超过 $n/2$ 个元素的子数组进行操作。

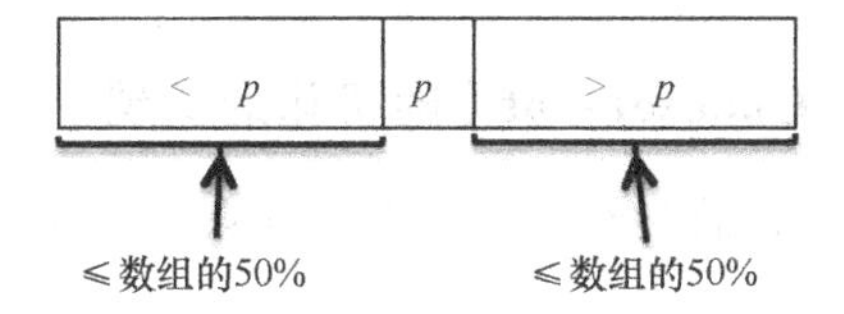


将 a = b = 2、d = 1 应用到主方法（定理 4.1），得到的结果是 $T(n)=\Theta(n\log n)$。[1]

# 5.4 随机化的 QuickSort

选择子数组的第一个元素作为基准元素只耗时 $O(1)$，但可能导致 QuickSort 的运行时间高达$\Theta(n^2)$。选择中位元素作为基准元素可以保证总体运行时间为$\Theta(n\log n)$，但这样会在选择基准元素时消耗的时间太多（如果仍然是线性时间）。我们能不能同时得到这两种方法的优点？是不是有一种简单和轻量级的方法用于选择一个基准元素，使其能够实现数组划分的大致平衡？答案是肯定的，该思路的关键是使用随机化。

## 5.4.1 ChoosePivot 的随机化实现

所谓随机化的算法，就是当它遇到问题时采用“掷硬币”的方法，根据掷硬币的结果作出决定。如果在同一个输入上不断地运行一种随机化的算法，可以看到不同的运行具有不同的行为。所有主要的编程语言都提供了可以根据需要很方

① 从技术上说，我们使用的是主方法的一种变型，使用的是$\Theta$记法而不是 $O$ 记法。不过，在其他方面，它与定理 4.1 都是完全相同的。

便地选择随机数的程序库。对于每个严肃的算法设计师，随机化应该成为他们必备的工具之一。

为什么要在算法中植入随机性呢？算法难道不应该是我们能够想到的最具确定性的东西之一吗？事实上，有数以百计的计算问题在引入随机化之后能够比对应的确定性算法能更快、更有效或更容易编写代码。[①]

在 QuickSort 中植入随机性的最简单的方法就是总是随机选择基准元素，这个方法极其有效。

**ChoosePivot（随机化的实现）**

**输入：**包含 $n$ 个不同整数的数组 $A$，左右两端点 $\ell, r \in \{1, 2, \cdots, n\}$。

**输出：**索引 $i \in \{\ell, \ell+1, \cdots, r\}$。

return $A[\ell], A[\ell+1], \cdots, A[r]$ 中一个随机选择的元素

例如，如果 $\ell=41$，$r=50$，则 $A[41],\cdots,A[50]$这 10 个元素每个元素都有 10%的机会被选作基准元素。[②]

## 5.4.2 随机化 QuickSort 的运行时间

随机化的 QuickSort 由于基准元素是随机选择的，所以它的运行时间并不总是相同的。总是存在可能（不管这个可能性有多小）每次在剩余的子数组中选择最小的元素作为基准元素，导致$\Theta(n^2)$的运行时间，就像我们在小测验 5.1 中所观察的那样[③]。同样存在极其微小的可能性：我们每次都幸运地选择了子数组的中位元素作为基准元素，从而导致$\Theta(n \log n)$的运行时间，就像我们在小测验 5.2 中所观察的那样。因此，该算法的运行时间在$\Theta(n^2)$和$\Theta(n \log n)$之间波动。那么，它的最佳场景和最差场景哪个更容易出现呢？

---

① 即便是计算机科学家也要思量良久才能得到这个结论，其开端是 20 世纪 70 年代中期有人用随机化的算法测试一个整数是否是质数。

② 另一个同等有效的方法是在一个预处理步骤中对输入数组进行随机洗牌，然后运行 QuickSort 的简单实现。

③ 只要 $n$ 值不是太小，遇到这种情况的可能性还不如被小行星砸中脑袋的可能性大。

令人惊奇的是，QuickSort 的性能几乎总是接近最佳场景。

**定理 5.1**（**随机化 QuickSort 的运行时间**）对于每个长度 $n \geq 1$ 的输入数组，随机化 QuickSort 的平均运行时间是 $O(n \log n)$。

这个定理中的“平均”表示 QuickSort 算法本身的随机性。定理 5.1 并没有假设输入数组是随机的。随机化的 QuickSort 是一种通用的算法（参阅第 1.6.1 节）：不管输入数组是什么，如果不断运行该算法，它的平均运行时间将是 $O(n \log n)$，足够成为一种低代价使用的算法。从原则上说，随机化 QuickSort 的运行时间有可能达到 $\Theta(n^2)$，但它在实际使用中的运行时间几乎总是 $O(n \log n)$。两个额外的奖励：定理 5.1 的大 $O$ 记法中隐藏的常数相对较小（这点和 MergeSort 一样），并且该算法并不需要花费时间分配和管理额外的内存（这点与 MergeSort 不同）。

## 5.4.3 直觉：随机基准元素为什么很好

要想深入理解 QuickSort 为什么能够做到这么快，研究定理 5.1 的证明是不二之选。第 5.5 节将详细讨论这方面的内容。作为定理 5.1 证明的准备工作，并且作为那些时间有限难以深刻理解第 5.5 节内容的读者的安慰奖，我们接下来培养一种为什么定理 5.1 应该为真的直觉。

第一个需要理解的地方是，为了实现像小测验 5.2 那样运行时间为 $O(n \log n)$ 的最佳场景，使用中位元素作为基准元素显得用力过猛。假设我们改用“近似的中位元素”，而该基准元素能够实现 25%～75%（或者更好）的划分。换种说法，至少有 25%的元素大于这个元素，并且至少有 25%的元素小于这个元素。围绕这种基准元素进行划分的情形如下：

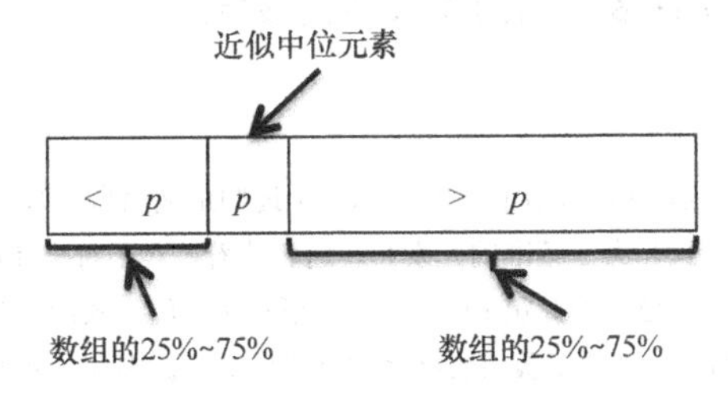


如果每个递归调用所选择的基准元素都是这种意义上的近似中位元素，QuickSort 的运行时间仍然是 $O(n \log n)$。我们无法直接从主方法（定理 4.1）中推

导出这个结论，因为使用非中位元素会产生不同长度的子问题。但是，对 MergeSort（第 1.5 节）的分析进行延伸却并不困难，这个延伸结论也适用于此处。[①]

第二个需要理解的地方是虽然在随机化的 QuickSort 中需要非常好的运气才会选到中位元素（$n$ 分之一的概率），但是选中一个近似中位元素却不需要太多的运气。例如，考虑一个包含元素{1, 2, 3,⋯, 100}的数组，26～75 之间的任何一个元素都是近似中位元素（因为至少有 25 个元素小于它并且至少有 25 个元素大于它）。这个范围囊括了整个数组 50%的元素！因此，QuickSort 有 50%的机会随机选中一个近似中位元素，这个概率和猜硬币正反面的概率相同。

这意味着我们预期大约有 50%的 QuickSort 调用会使用近似中位元素，我们可以期望前面的 $O(n \log n)$运行时间分析仍然能够成立，尽管递归层数可能会多出一倍。

不要犯错：这并不是正式的证明，只是猜想定理 5.1 仍然可能成立的一种假设论证。但是，如果把 QuickSort 放在算法设计和分析的中心位置，我们需要定理 5.1 真正成立的无可争议的论证。

## *5.5 随机化 QuickSort 的分析

随机化的 QuickSort 看上去是个很好的思路，但我们怎么才能知道它确实表现出色呢？换种更通用的说法，当我们在工作中提出一个算法时，怎么才能知道它是非常优秀的或者是非常糟糕的呢？一种实用但不通用的方法是编写代码对该算法进行测试，针对许多不同的输入尝试该算法。

---

① 画出这种算法的递归树。当 QuickSort 在两个子问题上递归地调用自身时，子问题处理不同长度的元素（分别是小于基准的元素和大于基准的元素）。这意味着，对于每个递归层次 $j$，不同的第 $j$ 层子问题的子数组之间不存在重叠。因此第 $j$ 层子问题的所有子数组的长度之和最大为 $n$。这一层所完成的工作（通过调用 Partition）是与子数组长度之和呈线性关系。因此，和 MergeSort 一样，这个算法在每个递归层完成 $O(n)$的工作。一共有多少个递归层？由于基准元素是近似中位元素，传递给同一个递归调用最多为 75%的元素，因此每一层的子问题长度的缩减因子至少是 4/3。这意味着递归树中最多有 $\log_{4/3} n = O(\log n)$层，因此总的工作量是 $O(n \log n)$。

另一种方法是培养该算法应该能够良好工作的直觉，例如第 5.4.3 节对随机化的 QuickSort 算法所做的那样。但是要想深刻理解哪些因素会影响算法的优劣常常需要进行数学分析。本节将帮助读者理解为什么 QuickSort 能够这么快速。

本节假设读者已经熟悉离散概率的概念。附录 B 复习了取样空间、事件、随机变量、期望值和线性期望等概念。

## 5.5.1 预备工作

定理 5.1 声称对于每个长度 $n \geq 1$ 的输入数组，随机化的 QuickSort（基准元素统一采取随机选择的方式）的平均运行时间是 $O(n \log n)$。我们首先把这个声称转换为离散概率语言中的形式声明。

接下来就是对长度为 $n$ 的任意输入数组 $A$ 的分析。我们知道，取样空间就是指某个随机过程中的所有可能出现的结果的集合。在随机化的 QuickSort 中，所有的随机性都出现在不同的递归调用对基准元素的随机选择上。因此，我们可以把取样空间 $\Omega$ 作为 QuickSort 中随机选择的所有可能出现的结果的集合（即所有的基准元素序列）。

我们知道，所谓随机变量就是指一个随机过程的结果的一种数值度量，它是一个定义于 $\Omega$ 上的实数值函数。我们所关心的随机变量是随机化的 QuickSort 所执行基本操作（即代码的行数）的数量 RT。这是一个具有良好定义的随机变量，因为当基准元素的选择是预先确定的时候（即 $\omega \in \Omega$ 是固定的），QuickSort 就具有固定的运行时间 RT($\omega$)。在 $\omega$ 所有可能的选择范围内，RT($\omega$)的范围是从$\Theta(n \log n)$到$\Theta(n^2)$（参见第 5.3 节）。

我们可以通过分析一个更简单的变量来达到目的，这个变量只对比较操作进行计数，忽略算法所执行的其他类型的基本操作。设随机变量 $C$ 表示具有某个特定基准元素序列的、QuickSort 所执行的输入元素对之间的比较数量。回过头去观察伪码，我们可以看到这些比较只出现在一个地方：Partition 子程序中的“`if A[j] < p`”这行代码（第 5.2.4 节），它把当前的基准元素与输入子数组中的某个其他元素进行比较。

下面这个辅助结论说明了这些比较操作决定了 QuickSort 的总体运行时间，

意味着 QuickSort 的总体运行时间大于比较操作的幅度仅为一个常数因子。这就表明，为了证明 QuickSort 的预期运行时间的上界是 $O(n \log n)$，我们只需要证明它所执行的比较操作的预期数量的上界是 $O(n \log n)$。

**辅助结论 5.2** 对于每个长度至少为 2 的输入数组 $A$ 和每个基准序列 $\omega$，都存在一个常数 a > 0，满足 $\mathrm{RT}(\omega) \leqslant a \cdot C(\omega)$。

为了说服怀疑论者，我们提供了这个辅助结论的证明。如果读者觉得辅助结论 5.2 很明显是正确的，可以跳过这段内容。

辅助结论 5.2 的证明：首先，在每个 Partition 调用中，基准元素只与特定子数组中的每个其他元素比较一次，因此在这个调用中比较的数量与子数组的长度呈线性关系。根据第 5.2.4 节的伪码，这个调用中的操作总数最多就是再乘以一个常数因子。根据第 5.2.5 节的伪码，随机化的 QuickSort 的每个递归调用在 Partition 子程序之外只执行常数级时间的操作[①]。QuickSort 递归调用最多有 $n$ 个，每个调用的输入数组的元素在被排除出未来的递归调用之前都有可能被选作基准元素，操作的总量 $\mathrm{RT}(\omega)$最多就是一个常数乘以比较的总数 $C(\omega)$再加上 $O(n)$。由于 $C(\omega)$总是至少与 $n$ 成正比（甚至与 $n \log n$ 成正比），因此这些额外的 $O(n)$ 操作完全可以被吸收到这个辅助结论的常数因子中，这样就完成了证明。 Q.e.d.

本节的剩余部分将把注意力集中在如何确定预期比较数量的上界上。

**定理 5.3（随机化 QuickSort 中的比较）** 对于每个长度 $n \geqslant 1$ 的输入数组，随机化的 QuickSort 中输入数组元素之间的预期比较数量最多为 $2(n-1)\ln n = O(n \log n)$。

通过辅助结论 5.2，定理 5.3 在大 $O$ 记法中隐藏了不同的常数因子，暗示了定理 5.1 的正确性。

## 5.5.2 分解蓝图

主方法（定理 4.1）解决了我们到目前为止所讨论的每个分治算法的运行时

---

① 这段话假设选择一个随机的基准元素算作一个基本操作。如果选择一个随机的基准元素需要 $\theta(\log n)$ 的基本操作，这个证明仍然可以成立（读者可以验证），这就涉及随机器生成器典型的实际实现。

间。但是有两个原因使其不适用于随机化的 QuickSort 算法。首先，该算法的运行时间对应于一个随机递归过程或一棵随机递归树，而主方法适用于具有确定性的递归过程。其次，用递归方式解决的两个子问题（小于基准的元素和大小基准的元素）一般具有不同的长度。因此，我们需要一种新的思路来分析 QuickSort 的运行时间。[①]

为了证明定理 5.3，我们将遵循一份分解蓝图，它适用于对复杂随机变量的期望值进行分析。第一个步骤是确定我们所关注的（可能复杂的）随机变量 $Y$。对于我们而言，它就是随机化的 QuickSort 所进行的输入数组元素之间的比较数量 $C$，如定理 5.3 所述。第二个步骤是把 $Y$ 表达成更简单的随机变量之和，在理想情况下是指示性（即 0 和 1）随机变量 $X_1, \cdots, X_m$：

$$Y = \sum_{\ell=1}^{m} X_\ell$$

现在我们就开始讨论它的线性期望值。线性期望值表示随机变量之和的期望值等于它们各自的期望值之和（定理 B.1）。这份蓝图的第三个步骤就是使用这个特性减少 $Y$ 的期望值的计算量，将其简化为计算简单随机变量的期望值并进行累加就可以了：

$$E[Y] = E\left[\sum_{\ell=1}^{m} X_\ell\right] = \sum_{\ell=1}^{m} E[X_\ell]$$

当 $X_\ell$ 表示指示性随机变量时，它们的期望值可以根据式（B.1）的定义非常容易地计算出：

$$E(X_\ell) = \underbrace{0 \cdot Pr[X_\ell = 0]}_{=0} + 1 \cdot Pr[X_\ell = 1] = Pr[X_\ell = 1]$$

最后一个步骤是计算简单随机变量的期望值，并把它加到结果上。[②]

---

① 主方法存在能够处理这两个问题的通用版本，但它较复杂，超出了本书的范围。

② 第 B.6 节随机化的负载平衡分析是这个蓝图的一个简单的实际应用例子。我们在《算法详解》系列的第 2 卷中讨论散列表时将再次使用这份蓝图。

**分解蓝图**

1. 确认我们所关注的随机变量 $Y$。
2. 把 $Y$ 表示为指示符（即 0 和 1）随机变量 $X_1, \cdots, X_m$ 之和：

$$Y = \sum_{\ell=1}^{m} X_\ell$$

3. 应用线性期望值：

$$E[Y] = \sum_{\ell=1}^{m} Pr[X_\ell = 1]$$

4. 计算每个 $Pr[X_\ell = 1]$，并将结果相加，得到 $E[Y]$。

## 5.5.3 应用蓝图

为了在随机化的 QuickSort 的分析中应用这份蓝图，我们需要把自己真正关注的随机变量 $C$ 分解为更简单的（理想情况下为 0 或 1）随机变量。关键思路是根据被比较的输入元素对总比较次数进行分解。

准确起见，让 $Z_i$ 表示输入数组中的第 $i$ 小的元素，又称第 $i$ 个顺序统计。例如，在下面这个数组中：

| 6 | 8 | 9 | 2 |
|---|---|---|---|

$Z_1$ 表示“2”，$Z_2$ 表示“6”，$Z_3$ 表示“8”，$Z_4$ 表示“9”。注意 $Z_i$ 并不表示（未排序的）输入数组的第 $i$ 个元素，而是输入数组的已排序版本这个位置的元素。

对于每对数组索引 $i, j \in \{1, 2, \cdots, n\}$ 且 $i < j$，我们定义一个随机变量 $X_{ij}$ 如下：

对于每个固定的基准元素选择 $\omega$，$X_{ij}(\omega)$ 是当基准元素由 $\omega$ 所指定时 QuickSort 对元素 $Z_i$ 和 $Z_j$ 进行比较的次数。

例如，对于上面的输入数组，$X_{13}$ 是 QuickSort 算法对“2”和“8”的比较次数。我们并不关注 $X_{ij}$ 本身，唯一关心的是这些简单随机变量累加起来是否能够得到我们真正关心的随机变量 $C$。

这个定义的要点就是实现分解蓝图的第二个步骤。由于每个比较正好只涉及一对输入数组元素，所以对于每个 $\omega \in \Omega$，都有

$$C(\omega)=\sum_{i=1}^{n-1} \sum_{j=i+1}^{n} X_{ij}(\omega)$$

右边看上去比较奇特的双求和符号只是在 $i<j$ 的情况下对所有的元素对（$i$, $j$）进行迭代，也就是说，$X_{ij}$ 负责对 QuickSort 算法所进行的比较操作进行求和。

**小测验 5.3**

选定输入数组的两个不同元素 $Z_i$ 和 $Z_j$。在 QuickSort 的执行期间，$Z_i$ 和 $Z_j$ 相互之间进行比较的次数是？

（a）正好 1 次

（b）0 次或 1 次

（c）0 次、1 次或 2 次

（d）0 和 $n-1$ 之间的任何数字都有可能

（关于正确答案和详细解释，参见第 5.5.6 节）

小测验 5.3 的答案显示了所有的 $X_{ij}$ 都是指示性随机变量。因此我们可以应用分解蓝图的第一个步骤得到下面的结果：

$$E[C]=\sum_{i=1}^{n-1}\sum_{j=i+1}^{n} E[X_{ij}]=\sum_{i=1}^{n-1}\sum_{j=i+1}^{n} Pr[X_{ij}=1] \quad (5.1)$$

为了计算我们真正关心的随机变量，即表示比较总数的期望值 $E[C]$，我们需要做的就是理解 $Pr[X_{ij}=1]$！这些数字表示在随机化的 QuickSort 中某个 $Z_i$ 和 $Z_j$ 在某个时刻相互比较的概率，接下来我们需要做的就是将这些数字盖棺定论。[①]

---

① B.5 节证明了一个重要的事实，即线性期望值甚至适用于非独立的随机变量（一个随机变量的信息可以让我们推断其他随机变量的信息）。这个事实在这里是非常重要的，因为 $X_{ij}$ 并不是独立的。例如，如果我告诉读者 $X_{1n}=1$，读者就知道 $Z_1$ 或 $Z_n$ 在 QuickSort 的最外层调用中被选为基准元素（为什么？），而这又很可能导致具有 $X_{1j}$ 或 $X_{jn}$ 形式的随机变量也等于 1。

### 5.5.4 计算比较的概率

有一个令人满意的公式可用于计算随机化的 QuickSort 中两个输入数组进行比较的概率。

**辅助结论 5.4(比较的概率)** 如果 $Z_i$ 和 $Z_j$ 表示输入数组第 $i$ 小和第 $j$ 小的元素，其中 $i<j$，则:

$$Pr[\text{随机化的 QuickSort 中 } Z_i \text{ 和 } Z_j \text{ 进行比较的概率}] = \frac{2}{j-i+1}$$

例如，如果 $Z_i$ 和 $Z_j$ 分别是最小元素和最大元素($i=1$ 且 $j=n$)，则它们进行比较的概率只有 $\frac{2}{n}$。如果 $Z_i$ 和 $Z_j$ 之间没有其他元素 ($j=i+1$)，则 $Z_i$ 和 $Z_j$ 总是会相互比较。

确定了 $Z_i$ 和 $Z_j$ ($i<j$)，并考虑在第一次调用 QuickSort 时选择基准元素 $Z_k$。会出现哪些不同的场景呢?

**4 种 QuickSort 场景**

1. 选中的基准元素小于 $Z_i$ 和 $Z_j$ ($k<i$)。$Z_i$ 和 $Z_j$ 都被传递给第二个递归调用。
2. 选中的基准元素大于 $Z_i$ 和 $Z_j$ ($k>j$)。$Z_i$ 和 $Z_j$ 都被传递给第一个递归调用。
3. 选中的基准元素位于 $Z_i$ 和 $Z_j$ 之间 ($i<k<j$)。$Z_i$ 被传递给第一个递归调用，$Z_j$ 被传递给第二个递归调用。
4. 选中的基准元素是 $Z_i$ 或 $Z_j$ ($k\in\{i,j\}$)。基准元素不会被传递给任何一个递归调用，另一个元素被传递给第一个递归调用(如果 $k=j$)或第二个递归调用(如果 $k=i$)。

我们还需要考虑两件事情。首先，记住每一个比较都涉及当前的基准元素，因此当且仅当 $Z_i$ 和 $Z_j$ 有一个被选中为基准元素时(场景 4)，它们会在 QuickSort 的最外层调用中进行比较。其次，在场景 3 中，不仅 $Z_i$ 和 $Z_j$ 现在不会进行比较，而且它们以后也不会在同一个递归调用中出现，所以未来也不会进行比较。例如，在下面这个数组中:

| 8 | 3 | 2 | 5 | 1 | 4 | 7 | 6 |
|---|---|---|---|---|---|---|---|

$Z_i=3$ 且 $Z_j=7$，如果{4, 5, 6}这几个元素中有任一个被选为基准元素，则 $Z_i$ 和 $Z_j$ 会被发送给不同的递归调用，永远不会进行比较。例如，如果“6”被选为基准元素，情况就是下面这样的：

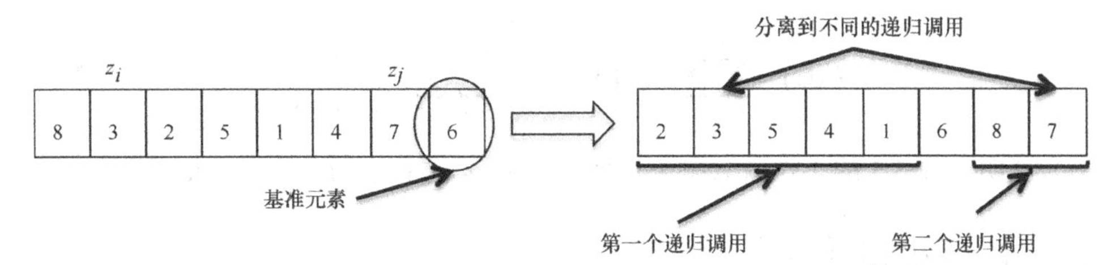


场景 1 和场景 2 都是待决模式：$Z_i$ 和 $Z_j$ 尚未进行比较，但它们在未来有可能进行比较。在这种待决模式中，$Z_i$ 和 $Z_j$ 以及值位于 $Z_i$ 和 $Z_j$ 之间的所有 $Z_{i+1}$, ⋯, $Z_{j-1}$ 元素都处于平行生存状态，它们被传递给同一个递归调用。最终，它们的合作旅程被 QuickSort 的一个递归调用所打断，这个递归调用选择了 $Z_i, Z_{i+1}, \cdots, Z_{j-1}, Z_j$ 之中的一个元素作为基准元素，导致场景 3 或场景 4 的出现[①]。仔细观察这个递归调用，可以发现如果 $Z_i$ 或 $Z_j$ 是被选中的基准元素，就会触发场景 4（$Z_i$ 和 $Z_j$ 会进行一次比较）。如果 $Z_{i+1}, \cdots, Z_{j-1}$ 之间的任何一个元素被选为基准元素，就会触发场景 3（不会进行比较，以后也不会）。

因此，会有两种糟糕的情况（在 $Z_i, Z_{i+1}, \cdots, Z_{j-1}, Z_j$ 共 $j-i+1$ 个选项中选择了 $Z_i$ 或 $Z_j$）发生。由于随机化的 QuickSort 总是统一按照随机的方式选择基准元素，按照对称的原理，$Z_i, Z_{i+1}, \cdots, Z_{j-1}, Z_j$ 中的每个元素都有同等的机会被选为集合中的第一个基准元素。总而言之，

$Pr$[随机化的 QuickSort 中 $Z_i$ 和 $Z_j$ 在某时刻进行比较]

就等于

$Pr$[$Z_i$ 或 $Z_j$ 在 $Z_{i+1}, \cdots, Z_{j-1}$ 的任何元素之前被选为基准元素]，

它的值等于

① 如果没有其他情况，前面的递归调用最终把输入数组削减为只包含元素{ $Z_i, Z_{i+1}, \cdots, Z_{j-1}, Z_j$ }的数组。

$$\frac{\text{糟糕情况的数量}}{\text{选项总数}} = \frac{2}{j-i+1}$$

这样，我们就完成了辅助结论 5.4 的证明。 Q.e.d.

回到表示随机化的 QuickSort 所进行的比较期望值的公式（5.1），我们得到一个看上去非常吓人的表达式：

$$E(C) = \sum_{i=1}^{n-1}\sum_{j=i+1}^{n} Pr[X_{ij}=1] = \sum_{i=1}^{n-1}\sum_{j=i+1}^{n} \frac{2}{j-i+1} \tag{5.2}$$

证明定理 5.3 的工作就只剩下证明式（5.2）的右边的上界 $O(n \log n)$。

## 5.5.5 最后的计算

证明式（5.2）的右边的上界是 $O(n^2)$是非常容易的：双求和过程中最多有 $n^2$ 项，每一项的值最大为 1/2（当 $j=i+1$ 时取该最大值）。但是，我们所追求的是更加优越的上界 $O(n \log n)$，所以必须花些心思才能得到这个结果。我们必须要充分利用"这个平方级的多项式中绝大多数项都要比 1/2 小得多"这个事实。

考虑公式（5.2）中当 $i$ 取某个固定值时的其中一个内和：

$$\sum_{j=i+1}^{n} \frac{2}{j-i+1} = 2 \cdot \underbrace{\left(\frac{1}{2}+\frac{1}{3}+\cdots+\frac{1}{n-i+1}\right)}_{n-i\text{项}}$$

我们可以把每个这样的和的上界确定为最大的那个和，当 $i=1$ 的时候：

$$\sum_{i=1}^{n-1}\sum_{j=i+1}^{n}\frac{2}{j-i+1} \leqslant \sum_{i=1}^{n-1}\underbrace{\sum_{j=2}^{n}\frac{2}{j}}_{\text{与}i\text{无关}} = 2(n-1)\cdot\sum_{i=2}^{n}\frac{1}{j} \tag{5.3}$$

$\sum_{j=2}^{n}\frac{1}{j}$ 有多大呢？让我们来看一幅图。

把 $\sum_{j=2}^{n}\frac{1}{j}$ 的各个项看作图 5.1 的平面中的各个矩形。我们可以把上面这个求和结果的上界限定为点 1 和 $n$ 之间的曲线 $f(x)=\frac{1}{x}$ 下面的面积，即积分 $\int_1^n \frac{dx}{x}$。如果读者对微积分有一定了解，将会发现这个积分的结果就是自然对数 $\ln x$（即 $\ln x$ 是导数为 $\frac{1}{x}$ 的函数）：

$$\sum_{j=2}^{n}\frac{1}{j}\leqslant\int_{1}^{n}\frac{1}{x}\mathrm{d}x=\ln x\Big|_{1}^{n}=\ln n-\underbrace{\ln 1}_{=0}=\ln n \tag{5.4}$$

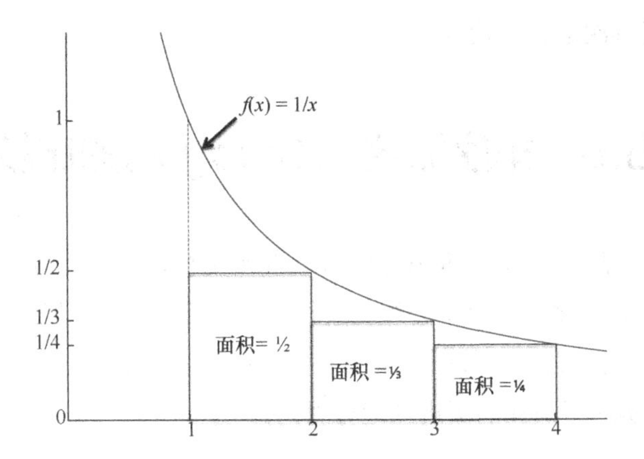


图 5.1 $\sum_{j=2}^{n}\frac{1}{j}$ 这个求和公式中的每个项都可以用一个宽度为 1（$x$ 坐标在 $j-1$ 和 $j$ 之间）高度为 $1/j$（$y$ 坐标为 0 和 $1/j$ 之间）的矩形来确定。函数 $f(x)=1/x$ 的图形接触到每个矩阵的右上角，因此位于这条曲线之下的区域（即积分）就是这个矩形的面积的上界

把公式（5.2）～式（5.4）串联在一起，得到下面的结果：

$$E[C]=\sum_{i=1}^{n-1}\sum_{j=i+1}^{n}\frac{2}{j-i+1}\leqslant 2(n-1)\cdot\sum_{j=2}^{n}\frac{1}{j}\leqslant 2(n-1)\ln n$$

因此，根据辅助结论 5.2，随机化的 QuickSort 所进行的比较操作的期望值（也是它的期望运行时间）的上界确实是 $O(n\log n)$！ Q.e.d.

## 5.5.6 小测验 5.3 的答案

**正确答案：(b)**。如果 $Z_i$ 或 $Z_j$ 在 QuickSort 的最外层调用中被选为基准元素，则 $Z_i$ 和 $Z_j$ 在 Partition 的第一次调用时就进行比较。（记住，基准元素会与子数组中的其他每个元素进行比较。）如果 $i$ 和 $j$ 之间的差距大于 1，$Z_i$ 和 $Z_j$ 很可能永远不会被比较（参见第 5.5.4 节）。例如，最小元素和最大元素将不会进行比较，除非其中之一在最外层的递归调用中被选为基准元素（知道为什么吗？）。

最后，正如人们对良好的排序算法所期望的那样，$Z_i$ 和 $Z_j$ 的比较次数不会超过 1 次（否则就是冗余）。每次比较都涉及当前的基准元素，因此当 $Z_i$ 和 $Z_j$ 第一次进行比较时（如果发生），其中之一肯定是基准元素。由于基准元素被排除在未来所有的递归调用之外，因此 $Z_i$ 和 $Z_j$ 绝不会再在同一个递归调用中出现（更何况让它们再次进行比较）。

## *5.6 排序需要 $\Omega(n \log n)$的比较

有没有排序算法比 MergeSort 和 QuickSort 更快，其运行时间优于 $\theta(n \log n)$？从直觉上说，排序算法至少必须观察每个输入元素一次，但这只说明它的最大限度是 $\Omega(n)$。这个选读章节证明了我们无法在排序上做得更好，MergeSort 和 QuickSort 已经实现了最佳的渐进性运行时间。

### 5.6.1 基于比较的排序算法

下面是 $\Omega(n \log n)$ 下界的形式声明。

**定理 5.5**（**排序的下界**）存在一个常数 $c>0$，这样对于每个 $n \geqslant 1$，每个基于比较的排序算法在某个长度为 $n$ 的输入数组中至少执行 $c \cdot n\log_2 n$ 次比较。

基于比较的排序算法是指一种算法只通过元素之间的比较来访问输入数组，绝不会直接使用元素的值。

基于比较的排序算法是通用算法，它并不会对输入元素预设条件，只是把它当作某种完全可排序的集合。我们可以把一个基于比较的排序算法看作通过一个 API 与输入数组进行交互，这个 API 只支持一个操作：给定两个索引 $i$ 和 $j$（位于 1 和数组长度 $n$ 之间），如果第 $i$ 个元素小于第 $j$ 个元素就返回 1，否则就返回 0。[①]

例如，MergeSort 是一种基于比较的排序算法，它并不关注是对整数还是水

① 例如，UNIX 操作系统中的默认排序程序就是按这种方式工作的。唯一的要求是需要一个用户定义函数，用于对输入数组的元素进行比较。

果进行排序（前提是我们同意所有可能出现的水果有一种完整的排序方式，就像按字母排序一样）。[①] SelectionSort、InsertionSort、BubbleSort 和 QuickSort 也是如此。

## 5.6.2 具有更强前提的更快速排序

理解基于比较的排序的最好方式是观察一些虚拟的例子。下面有 3 种排序算法，它们对输入预设了一些先决条件，但是获得的好处是能够突破定理 5.5 的$\Omega(n\log n)$下界。[②]

BucketSort（桶排序）。BucketSort 算法用于数值数据时是非常实用的，尤其是当这些数据统一分布在某个已知范围时。例如，假设输入数组有 $n$ 个位于 0 和 1 之间且大致均匀分布的元素。按照我们的思路，我们把区间[0, 1]划分为 $n$ 个"桶"，第 1 个桶用于保存 0～$1/n$ 之间的元素，第 2 个桶用于保存 $1/n$～$2/n$ 之间的元素，接下来以此类推。BucketSort 排序算法的第一个步骤是对输入数组执行单遍的线性扫描，并把每个元素放入对应的桶中。这个步骤并不是基于比较的，BucketSort 算法观察一个输入元素的实际值以确定它应该放在哪个桶中。输入元素的值是 0.17 还是 0.27 就会对排序结果产生影响，即使我们已经固定了元素的相对顺序。

如果元素大致是均匀分布的，那么每个桶所包含的元素数量是比较少的。这个算法的第二个步骤是独立地对每个桶内的元素进行排序（例如，使用 InsertionSort）。

假设每个桶内的元素数量非常少，这个步骤也是以线性时间运行的（每个桶执行常数级的操作）。最后，不同桶的有序列表从第 1 个到最后一个被连接在一起。这个步骤也是以线性时间运行的。我们的结论是：当输入数组满足非常强的预设条件时，实现线性的排序是可能的。

---

① 作为类比，可以比较数独和聪明方格。数独只需要不同对象之间的一个相等概念，因此用 9 种不同的水果代替 1～9 的数字完全是可以的。聪明方格涉及数值计算，因此必须要用数字，不然谁知道杏子和山竹之和是什么呢？

② 关于这方面的更详细讨论，可以参阅 *Introduction to Algorithms* （*Third Eolition*），Thomas H. Cormen、Charles E. Leiserson、Ronald L. Rivest 和 Clifford Stein 著(MIT Press，2009)。

CountingSort（计数排序）。CountingSort 算法是同一种思路的另一个变形。在这种算法中，我们假设每个输入元素只可能出现 $k$ 个不同的值（预先知道），例如整数{1, 2, ⋯, $k$}。这个算法设置 $k$ 个桶，每个桶保存每个可能出现的值，对输入数组执行单遍扫描时把每个元素放在适当的桶中。输出数组就是简单地把这些桶按顺序连接在一起。当 $k = O(n)$时，CountingSort 的运行时间是 $O(n)$，其中 $n$ 是输入数组的长度。和 BucketSort 一样，它也不是一种基于比较的算法。

RadixSort（基数排序）。RadixSort 算法是 CountingSort 算法的一种扩展，它能够优雅地处理包含 $n$ 个整数的输入数组，这些整数是以二进制形式（0 和 1 所组成的串，又称“位”）表示的不会特别巨大的整数。RadixSort 的第一个步骤只考虑输入数的 $\log_2 n$ 个最低有效位的区块，并对它们进行相应的排序。由于 $\log_2 n$ 个位可以用 $n$ 个不同的值进行编码（对应于以二进制形式书写的 0，1，2，⋯，$n-1$），所以可以使用 CountingSort 算法以线性时间实现这个步骤。然后，RadixSort 算法根据接下来的 $\log_2 n$ 个次低有效位对所有的元素进行重新排序。这个过程重复进行，直到输入元素中的所有位都处理完毕。为了让这个算法能够正确地进行排序，在实现 CountingSort 子程序时让它保持稳定性是非常重要的。所谓稳定性，就是保留具有相同值的不同元素的相对顺序①。只要输入数组只包含 0 到 $n^k$（k 是某个常数）之间的整数，RadixSort 算法就可以达到线性的运行时间。

这 3 种排序算法显示了对输入数据施加额外预决条件（例如不是过大的整数）之后是如何使用比较之外的技巧（例如桶）实现快于$\theta(n \log n)$的运行时间的。定理 5.5 表示通用的基于比较的排序算法是不可能实现这种性能改进的。让我们来看看为什么。

### 5.6.3 定理 5.5 的证明

选定一种任意的、确定性的、基于比较的排序算法②。我们可以把该算法的输出看作数值 1，2，⋯，$n$ 的一种排列（即重新排序），其中输出中的第 $i$ 个元

① 并不是所有的排序算法都是稳定的。例如，QuickSort 就是一种不稳定的排序算法。（知道为什么吗？）

② 类似的论证也适用于随机化的基于比较的排序算法，但这些算法的预期运行时间不可能优于$\theta(n \log n)$。

素表示输入数组中第 $i$ 小的元素位置。例如，如果输入数组是：

| 6 | 8 | 9 | 2 |
|---|---|---|---|

则正确的排序算法的输出可以解释为具有下面索引的数组：

| 4 | 1 | 2 | 3 |
|---|---|---|---|

正确的输出数组共有 $n! = n\cdot(n-1)\cdot\cdots\cdot 2\cdot 1$ 种可能性[①]。对于每个输入数组，都有一个唯一正确的输出数组。

**辅助结论 5.6** 如果一种基于比较的排序算法对于任意长度为 $n$ 的输入数组所进行的比较操作绝对不会超过 $k$ 次，则它最多生成 $2^k$ 个不同的输出数组。

证明：我们可以把这个算法所执行的操作分解为几个阶段，其中阶段 $i$ 是该算法在它的第 $i$–1 次比较之后和第 $i$ 次比较之前所完成的工作。（该算法可以在两次比较之间进行它想要的操作，包括记录、推断将要进行的下一个比较等，只要它并不访问输入数组。）阶段 $i$ 所执行的特定操作仅依赖于前 $i$–1 次比较，因为这是该算法所知道的与输入有关的信息就只有这些。例如，这些操作并不依赖于其中的某次比较所涉及的元素的实际值。在算法结束时，输出数组只依赖于所有比较的结果。如果算法所进行的比较数量绝不会超过 $k$ 次，则该算法最多执行 $2^k$ 次，因此最多有 $2^k$ 个不同的输出数组。[②] Q.e.d.

一种正确的排序算法必须能够生成所有的 $n!$个可能的正确输出数组。根据辅助结论 5.6，如果 $k$ 是对 $n$ 个元素的输入数组所进行的最大比较数量，则

$$2^k \geqslant \underbrace{n!}_{n\cdot(n-1)\cdots 2\cdot 1} \geqslant \left(\frac{n}{2}\right)^{n/2}$$

其中我们已经利用了 $n\cdot(n-1)\cdots 2\cdot 1$ 的前 $n/2$ 项都至少是 $n/2$ 这个事实。对这个式子的各边均取底数为 2 的对数可得：

---

① 输入数组中最小元素的位置共有 $n$ 个选择，次小的元素的位置共有 $n-1$ 个选择，接下来依此类推。

② 对于第一个比较，共有 2 个可能的结果。不管其结果是什么，后面那个比较也是有 2 个可能的结果，接下来以此类推。

$$k \geqslant \frac{n}{2}\log_2\left(\frac{n}{2}\right) = \Omega(n\log n)$$

这个下界适用于任何基于比较的排序算法，这就完成了定理5.5的证明。 Q.e.d.

# 5.7 本章要点

- 著名的QuickSort算法具有3个高级步骤：首先，它从输入数组中选择一个元素$p$作为“基准元素”。其次，它的Partition子程序对数组进行重新排列，使所有小于$p$的元素都出现在$p$之前，所有大于$p$的元素都出现在$p$的后面。最后，它递归地对基准元素两侧的两个子数组进行排序。
- Partition子程序可以实现线性的运行时间，并且能够在原地进行操作，这意味着它所需要的额外内存几乎可以忽略。因此，QuickSort是一种原地排序的算法。
- QuickSort算法的正确性并不依赖于基准元素是怎样选择的，但它的运行时间却依赖于基准元素的选择。
- 最坏情况场景的运行时间为$\Theta(n^2)$，其中$n$是输入数组的长度。当输入数组已经排序并且总是选择第一个元素作为基准元素时，就会出现这种情况。最佳情况场景的运行时间为$\Theta(n\log n)$。如果每次都选择中位元素作为基准元素，就会出现这个结果。
- 在随机化的QuickSort中，基准元素总是统一按照随机的方式选取的。取决于随机选择的结果，它的运行时间在$\Theta(n\log n)$和$\Theta(n^2)$之间波动。
- 随机化的QuickSort的平均运行时间是$\Theta(n\log n)$，和它的最佳情况运行时间相比，只是增加了一个较小的常数因子。
- 从直觉上说，选择一个随机的基准元素是个很好的思路，因为有50%的机会可以实现输入数组25%～75%的划分甚至其他更好的划分。
- 形式分析使用了一份分解蓝图，把复杂的随机变量表达为一些值在0～1之间的随机变量之和，并对于应用线性期望值。

- 一个关键的事实是在 QuickSort 中，输入数组的第 $i$ 小和第 $j$ 小的元素当且仅当其中一个元素被选为基准元素，并且在此之前并没有位于它们之间的任何元素被选为基准元素时才会进行比较。
- 基于比较的排序算法是通用算法，它访问输入元素仅是为了对元素进行比较，绝不会直接使用元素的值。
- 不是基于比较的排序算法的最坏情况渐进性运行时间可以优于 $O(n \log n)$。

## 5.8 习题

**问题 5.1** 回顾 QuickSort 所使用的 Partition 子程序（第 5.2 节）。下面这个数组刚刚围绕某个基准元素进行了划分：

| 3 | 1 | 2 | 4 | 5 | 8 | 7 | 6 | 9 |
|---|---|---|---|---|---|---|---|---|

哪个元素可能被选为了基准元素？（列出所有可能的基准元素，可能性不止一种。）

**问题 5.2** 假设 $\alpha$ 是个常量，它与输入数组的长度 $n$ 无关，并严格位于 $0\sim\frac{1}{2}$。如果随机选择了一个基准元素，Partition 子程序对原始数组进行划分，划分后的两个子数组的长度至少都是原始数组长度的 $\alpha$ 倍的概率有多大？

（a）$\alpha$

（b）$1 - \alpha$

（c）$1 - 2\alpha$

（d）$2 - 2\alpha$

**问题 5.3** 假设 $\alpha$ 是个常量，它与输入数组的长度 $n$ 无关，并严格位于 $0\sim\frac{1}{2}$。假设每个递归调用实现了如前一个问题所述的近似平衡划分，这样当一个递归调用的输入子数组的长度为$k$时，分配给它的两个递归调用的子数组的长度都位于$\alpha k$和$(1-\alpha)k$之间。在触发基本条件之前，一共可能发生多少个递归调用呢？换种说法，该算法的递归树在哪一层包含了叶节点？用可能数字$d$的某个范围表示这个问题的答案，这个范围从可能需要的最小递归调用数量到最大递归调用数量。【提示：具有不同底的对数函数的相关公式是$\log_b n = \frac{\ln n}{\ln b}$。】

（a）$0 \leqslant d \leqslant -\frac{\ln n}{\ln \alpha}$

（b）$-\frac{\ln n}{\ln \alpha} \leqslant d \leqslant -\frac{\ln n}{\ln(1-\alpha)}$

（c）$-\frac{\ln n}{\ln(1-\alpha)} \leqslant d \leqslant -\frac{\ln n}{\ln \alpha}$

（d）$-\frac{\ln n}{\ln(1-2\alpha)} \leqslant d \leqslant -\frac{\ln n}{\ln(1-\alpha)}$

**问题 5.4** 把 QuickSort 的递归深度定义为在触发基本条件之前它所制造的后续递归调用的最大数量。换句话说，就是它的递归树的最大层次。在随机化的 QuickSort 中，递归的深度是个随机变量，依赖于具体所选择的基准元素。随机化的 QuickSort 可能出现的最小和最大递归深度分别是什么？

（a）最小：$\Theta(1)$；最大：$\Theta(n)$

（b）最小：$\Theta(\log n)$；最大：$\Theta(n)$

（c）最小：$\Theta(\log n)$；最大：$\Theta(n \log n)$

（d）最小：$\Theta(\sqrt{n})$；最大：$\Theta(n)$

## 挑战题

**问题 5.5** 对第 5.6 节的$\Omega(n \log n)$下界进行扩展，使之也适用于随机化的基于比较的排序算法的预期运行时间。

## 编程题

**问题 5.6** 用自己喜欢的编程语言实现 QuickSort 算法。试验不同的基准元素选择方式的性能。

有一种方法是记录 QuickSort 所进行的输入数组元素之间的比较数量①。对于几个不同的输入数组，确定 ChoosePivot 子程序的下面这几种实现所进行的比较数量。

1. 总是使用第一个元素作为基准元素。

2. 总是使用最后一个元素作为基准元素。

3. 使用一个随机的元素作为基准元素。（在这种情况下，应该在一个特定的输入数组中运行这个算法 10 次，并取结果的平均值。）

4. 使用“三取中”的方法选取基准元素。这个规则的目标是通过少量额外的工作使输入数组在近似排序或近似反向排序的情况下获得更好的性能。具体地说，ChoosePivot 的实现把特定子数组的第一个元素、中间元素和最后一个元素作为候选基准元素。（对于长度为偶数 $2k$ 的数组，用第 $k$ 个元素表示“中间”元素。）然后，它确定这 3 个元素哪个是中位元素（即其值位于另两个元素之间），并将它作为基准元素。②

例如，对于下面这个输入数组：

| 8 | 3 | 2 | 5 | 1 | 4 | 7 | 6 |
|---|---|---|---|---|---|---|---|

这个子程序将考虑第 1 个元素（“8”）、中间元素（“5”）和最后一个元素（“6”）。它将返回 6，即将{5，6，8}这个集合的中位元素作为基准元素。

关于测试用例和挑战数据集的更多信息，可以访问 www.algorithmsilluminated.org。

---

① 不需要对比较进行一一计数。对一个长度为 $m$ 的子数组执行一个递归调用时，可以在比较总数上简单地加上 $m-1$。（记住，基准元素会与当前递归调用中的子数组的其他 $m-1$ 个元素进行比较。）

② 在算法的仔细分析中，除了记录 Partition 调用所进行的比较之外，还需要记录在确认 3 个候选元素的中位元素时所进行的比较。

# 第 6 章

# 线性时间级的选择

本章研究选择问题，它的目的是在一个未排序的数组中寻找第 $i$ 小的元素。如果使用排序方法，很容易在 $O(n \log n)$时间内解决这个问题，但是我们想要做得更好。

第 6.1 节描述了一种极端实用的随机化算法，它的精神与随机化的 QuickSort 非常相似，但它的平均运行时间达到了线性时间。第 6.2 节提供了这个算法的优雅分析，有一种很好的方法可以按照简单的掷硬币试验来推进这个算法，证明它具有线性时间期望值。

倾向于理论的读者可能会疑惑怎么可能在不借助随机化的情况下在线性时间内解决选择问题。第 6.3 节描述了该问题的一种著名的确定性算法，参与该算法的图灵奖得主多于我所知道的其他任何算法的。它是一种确定性的算法（即不允许使用随机化），建立在一种独特的“中位的中位元素”思路之上，以保证选择了良好的基准元素。第 6.4 节证明了它的线性时间上界，这可不是个简单的任务！

本章假设读者已经熟悉第 5.2 节的可以在线性时间内围绕一个基准元素对数组进行划分的 Partition 子程序，并对基准元素的好坏具有良好的直觉。

# 6.1 RSelect 算法

## 6.1.1 选择问题

选择问题的输入与排序问题相同，一个包含 $n$ 个数的数组，并有一个整数 $i \in \{1, 2, \cdots, n\}$。这个问题的目的是寻找统计意义上的第 $i$ 个顺序，也就是数组的第 $i$ 小的元素。

**问题：选择**

**输入：** 一个包含 $n$ 个以任意顺序出现的数的数组，并有一个整数 $i \in \{1, 2, \cdots, n\}$。

**输出：** $A$ 的第 $i$ 小的元素。

和往常一样，简单起见，我们假设输入数组中的元素都是不同的，不存在重复的元素。例如，输入数组如下：

| 6 | 8 | 9 | 2 |
|---|---|---|---|

并且 $i$ 的值是 2，正确的输出就是 6。如果 $i$ 的值是 3，正确的输出就是 8，接下来以此类推。

当 $i = 1$ 时，选择问题就变成了寻找一个数组的最小元素的问题。这个问题很容易在线性时间内完成，只要对数组执行一遍扫描，并记录到目前为止所发现的最小元素即可。类似，寻找最大元素（$i = n$）的情况也是相当简单。但是，如果 $i$ 的值是中间位置呢？例如，如果我们想要找出一个数组的中间元素（中位元素）呢？

准确起见，对于一个长度为奇数的数组，中位元素是第 $i$ 个统计顺序 $i = \frac{n+1}{2}$。对于长度为偶数的数组，我们统一把中位元素定义为两个候选元素中较小的那个，也就是对应于 $i=\frac{n}{2}$。[1]

### 6.1.2 简化为排序

我们已经知道有一种快速算法可以解决选择问题，它借助了这种快速的排序算法。

**把选择简化为排序**

**输入**：一个包含 $n$ 个不同数的数组，并有一个整数 $i \in \{1, 2, \cdots, n\}$。

**输出**：$A$ 的第 $i$ 个统计顺序。

```
 B := MergeSort(A)
return B[i]
```

对输入数组进行排序之后，我们当然就知道怎么寻找第 $i$ 小的元素，它就位于已排序数组的第 $i$ 个位置。由于 MergeSort 的运行时间是 $O(n \log n)$（定理 1.2），因此这个只有两个步骤的算法的运行时间也是如此。[2]

但是，还记得算法设计师的执念吗：我们能不能做得更好？我们能不能设计一种专门用于解决选择问题的算法，使它的时间少于 $O(n \log n)$时间？我们能够期望的最佳结果是线性时间 $O(n)$，因为如果我们不花时间观察数组的每个元素，就不可能正确地找出最小元素（或需要寻找的其他元素）。我们还从定理 5.5 中知道，任何使用了排序子程序的算法的最坏情况不可能优于 $O(n \log n)$[3]。因此，对于选择问题，如果我们可以实现比 $O(n \log n)$更好的运行时间，就相当于证明了选择问题在本质上要比排序问题更加容易。

实现这个目标需要精巧的设计，但是没有办法借助排序算法，它对此无能为力。

---

① 为什么需要计算一个数组的中位元素？不管怎么说，我们很容易在线性时间内算出平均值，只要对数组元素进行单遍扫描并累加在一起，最终除以 $n$ 就可以了。有一个原因是计算一个数组的中位元素要比计算平均值更不容易出问题。例如，如果有一个元素严重受损（例如数据项被破坏），那么平均数的统计将变得完全没有意义，但它对中位元素的计算影响极小。

② 计算机科学家将会把它称为从选择问题简化为排序问题。简化帮助我们避免了从头开发一种新的算法，而是允许我们站在现有算法的肩膀之上。除了它们的实际用途之外，简化也是计算机科学中的一个极端重要的概念，我们将在《算法详解》系列的第 4 部对它们进行讨论。

③ 假设我们受限于只能使用基于比较的排序算法，就像第 5.6 节一样。

### 6.1.3 分治法

随机化的线性时间选择算法 RSelect 沿用了在随机化的 QuickSort 中被证明是极为成功的模板：选择一个随机的基准元素、围绕这个基准元素对输入数组进行划分、然后执行适当的递归调用。接下来我们的任务就是理解适合选择问题的递归方式。

回顾第 5.2 节 Partition 子程序所完成的工作：给定一个数组和一个选定的基准元素，对数组的元素进行重新排列，使所有小于基准的元素出现在基准元素之前，所有大于基准的元素出现在基准元素的后面。

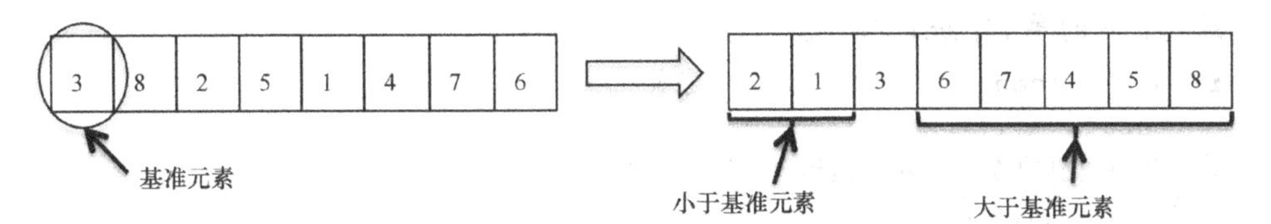


因此，基准元素最终将出现在正确的位置上。所有小于它的元素都在它的前面，所有大于它的元素都在它的后面。

QuickSort 递归地对包含小于基准元素的元素的子数组进行排序，对包含大于基准元素的元素的子数组也是进行同样的递归操作。在选择问题中，可以与此类比的操作是什么？

**小测验 6.1**

假设我们在一个包含 10 个元素的输入数组中寻找第 5 个统计顺序。假设对数组进行划分之后，基准元素出现在第 3 个位置上。我们应该在基准元素的哪一边进行下一步的递归呢？我们所寻找的统计顺序应该是哪个？

（a）基准元素左边的第 3 个统计顺序。

（b）基准元素右边的第 2 个统计顺序。

（c）基准元素右边的第 5 个统计顺序。

（d）我们可能需要对基准元素左边和右边都进行递归。

（关于正解答案和详细解释，参见第 6.1.6 节）

### 6.1.4 RSelect的伪码

RSelect算法的伪码沿用了第5.1节QuickSort的高级描述，只作了两处修改。首先，我们将使用随机的基准元素而不是编写通用的ChoosePivot子程序。其次，RSelect只进行一个递归调用，而QuickSort需要两个递归调用。这个区别正是我们期望RSelect能够取得比随机化的QuickSort更快速度的主要原因。

**RSelect**

**输入：** 一个包含 $n$ 个不同数的数组，并有一个整数 $i \in \{1, 2, \cdots, n\}$。

**输出：** $A$ 的第 $i$ 个统计顺序。

```
if n = 1 then              // 基本条件
   return A[1]
统一按照随机的方式从A中选择一个基准元素
围绕p对A进行划分
j := p在划分后的数组中的位置
if j = i then              // 运气很好!
    return p
else if j > i then
    return RSelect(first part of A, i)
else                       // j < i
    return RSelect(second part of A, i-j)
```

围绕基准元素 $p$ 把数组划分为3块，这将会导致RSelect算法出现3种情况：

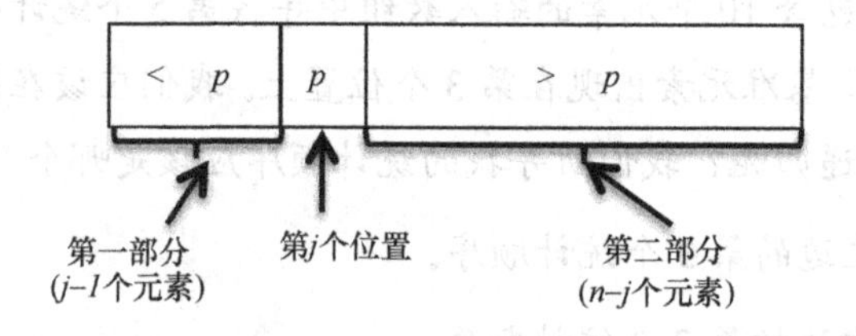


因为基准元素 $p$ 被认为已经位于划分后的数组的正确位置，如果它是在第 $j$ 个位置，它肯定就是第 $j$ 个统计顺序。如果天降大运，算法所寻找的正是第 $j$ 个统计顺序（即 $i = j$），任务就提前宣告完成。如果算法所寻找的是一个更小的数（即 $i<j$），它肯定位于划分后的数组的前半部分。在这种情况下，它将丢弃大于

第 $j$ 个统计顺序（因此也大于第 $i$ 个）的所有元素，这样它仍然是在第一个子数组中寻找第 i 小的元素。在最后一种情况中（$i>j$），算法所寻找的是一个大于基准元素的数，因此递归将会模仿小测验 6.1 的解决方案。该算法只在划分后的数组的后半部分进行递归，丢弃基准元素以及 $j-1$ 个小于基准的元素，以后不再考虑它们。由于该算法最初所寻找的是第 $i$ 小的元素，现在就变成了在剩下的元素中寻找第 $i-j$ 小的元素。

## 6.1.5 RSelect 的运行时间

与随机化的 QuickSort 相似，RSelect 的运行时间也取决于基准元素的选择。它可能发生的最坏情况是什么呢？

**小测验 6.2**

如果每次选择基准元素时总是选择了最坏的情况，RSelect 算法的运行时间是什么？

（a）$\Theta(n)$

（b）$\Theta(n \log n)$

（c）$\Theta(n^2)$

（d）$\Theta(2^n)$

（关于正解答案和详细解释，参见第 6.1.6 节）

现在，我们知道 RSelect 算法对于所有可能出现的基准元素的选择，它并不总是能够以线性时间运行。如果它通过随机的方法选择基准元素，它的平均运行时间是否能够达到线性时间呢？我们一开始先确定一个更为温和的目标：是不是存在一些基准元素的选择，使 RSelect 能够以线性时间运行？

什么才是良好的基准元素？答案与 QuickSort（参见第 5.3 节）相同：良好的基准元素保证了递归调用所接受的是明显更小的子问题。最坏情况场景是所选择的基准元素导致最不平衡的划分，其中一个子数组为空，另一个子数组保留了除基准元素之外的所有元素（就像小测验 6.2 一样）。这个最差场景出现在最小元素或最大元素被选为基准元素的时候。最佳场景是基准元素的选择导致了最平衡的划分，两个子数组的长度相同[①]。这个最佳场景出现在中位元素被选为基准元素的时候。这个看上去有点像陷入了循环，我们似乎一开始就要算出中位元素。但是，理解 RSelect 可能具有的最佳运行时间（最好是线性时间！）仍然不失为一种非常实用的思维试验。

设 $T(n)$表示 RSelect 在长度为 $n$ 的数组上的运行时间。如果 RSelect 神奇地在每次递归调用时都能选中中位元素作为基准元素，则每个递归调用在它的子数组上执行线性的工作（大部分是在 Partition 子程序中），并在一半长度的子数组中进行递归调用：

$$T(n) \leqslant \underbrace{T\left(\frac{n}{2}\right)}_{\text{由于基准元素=中位元素}} + \underbrace{O(n)}_{\text{Partition等}}$$

按照主方法（定理 4.1）的理论，这个递归过程是正确的：由于只有一个递归调用（$a = 1$），而子问题长度的缩减因子为 2（$b = 2$），在递归调用之外所完成的工作是线性的（$d = 1$），$1 = a < b^d = 2$，符合主方法的第二种情况，结果 $T(n) = O(n)$。这是一项重要的安全性检查：如果 RSelect 的运气足够好，它能够以线性时间运行。

那么，RSelect 的运行时间一般更靠近它的最佳情况性能$\Theta(n)$还是更靠近它的最差情况性能$\Theta(n^2)$呢？有了随机化的 QuickSort 的成功经验后，我们可能希望 RSelect 的执行也具有接近最佳情况的性能。事实上，尽管理论上 RSelect 有可能以$\Theta(n^2)$的时间运行，但我们在实际使用中所观察到的它的运行时间几乎总是$\Theta(n)$。

**定理 6.1（RSelect 的运行时间）**对于每个长度 $n \geqslant 1$ 的输入数组，RSelect 的平均运行时间是 $O(n)$。

第 6.2 节提供了定理 6.1 的证明。

令人吃惊的是，RSelect 的平均运行时间与读取输入所需要的时间相比只是

① 我们忽略了被选中的基准元素正好就是需要寻找的统计顺序这种幸运情况。在算法的最后几个递归调用之外，这种情况发生的可能性很低。

多了一个常数因子！由于排序需要$\Omega(n \log n)$的时间（第 5.6 节），定理 6.1 显示了选择是一种在本质上比排序更容易的问题。

对随机化的 QuickSort 的平均运行时间的评价（定理 5.1）也适用此处。RSelect 是一种通用的算法，它的运行时间上界对于任意的输入都是一样的，“平均”只表示算法所进行的基准元素的随机选择。与 QuickSort 相似，定理 6.1 的大 $O$ 表示法中所隐藏的常量因子相对较小，RSelect 算法可以在原地实现，并不需要分配很多的额外内存。[1]

## 6.1.6 小测验 6.1～6.2 的答案

### 小测验 6.1 的答案

**正确答案：**（**b**）。在划分了数组之后，我们知道基准元素位于它的正确位置，所有小于它的元素在它之前，所有大于它的元素在它之后。由于基准元素出现在数组的第 3 个位置，所以它是第 3 小的元素。我们所寻找的是第 5 小的元素，它要大于基准元素。因此，我们可以保证第 5 个统计顺序出现在第二个子数组中，因此我们只需要一个递归。我们在这个递归调用中所寻找的是哪个统计顺序呢？我们最初所寻找的是第 5 小的元素，但现在我们已经丢弃了基准元素以及 2 个小于基准的元素。由于 $5-3=2$，所以我们现在是在传递给这个递归调用的子数组中寻找第 2 小的元素。

### 小测验 6.2 的答案

**正确答案：**（**c**）。RSelect 最坏情况的运行时间与随机化的 QuickSort 的相同。糟糕的例子与小测验 5.1 相同：假如输入数组已经排序，并且该算法反复选择第一个元素作为基准元素。在每个递归调用中，子数组的第一部分是空的，而第二部分包含了除基准元素之外的所有元素。因此每次递归调用的子数组长度只比上一层的递归调用的小 1。每个递归调用所完成的工作（大部分是由 Partition 子程序完成的）与子数组的长度成正比。在计算中位元素时，大概共有 $n/2$ 个递归调

---

① 原地实现使用左右端点记录当前子数组，就像在第 5.2.5 节 QuickSort 的伪码中一样。另外的例子可以参照编程题 6.5。

用，每个递归调用的子数组长度至少为 $n/2$，因此总体运行时间是 $\Omega(n^2)$。

# *6.2 RSelect 的分析

为了证明 RSelect 算法的线性期望运行时间（定理 6.1），我们可以采取的一种方法是沿用第 5.5 节对随机化的 QuickSort 所进行的行之有效的分解蓝图，用指示性随机变量记录比较操作的数量。对于 RSelect，我们也可以用这份分解蓝图的一个简化实例来达到目的，它对第 5.4.3 节所描述的直觉进行了形式化：(i)随机基准元素很可能是相当不错的；(ii)良好的基准元素可以产生快速的进展。

## 6.2.1 根据阶段追踪进展

我们已经注意到 RSelect 在它的递归调用之外完成 $O(n)$的工作，主要是在 Partition 调用中。也就是说，存在一个常数 $c > 0$：

（*）对于每个长度为 $n$ 的输入数组，RSelect 在它的递归调用之外最多执行 $cn$ 个操作。

由于 RSelect 总是只制造一个递归调用，我们可以通过它当前所操作的子数组的长度来追踪它的进展，因为子数组的长度随着时间的推移而不断变小。简单起见，我们将使用这种进展测量方法的一个粗糙版本[①]。假设 RSelect 的外层调用所处理的数组的长度为 $n$，对于整数 $j \geqslant 0$，如果子数组的长度位于 $\left(\frac{3}{4}\right)^{j+1} \cdot n$ 和 $\left(\frac{3}{4}\right)^{j} \cdot n$ 之间，我们就表示 RSelect 的这个递归调用位于阶段 $j$。

例如，RSelect 的最外层调用总是处于阶段 0，因为任何后续的递归调用至少是在原始输入数组 75%以上的子数组上操作的。在元素数量为原始数组的 $\left(\frac{3}{4}\right)^{2} \approx 56\%$ 和 75%之间的子数组上进行的递归调用属于阶段 1，接下来依此类

① 可以对它进行更精细的分析，产生运行时间上界更好的常数因子。

推。在阶段 $j \approx \log_{3/4} n$，子数组的长度最多为 1，因此不再有其他递归调用产生。

对于每个 $j \geqslant 0$，用 $X_j$ 表示等于阶段 $j$ 的递归调用数量的随机变量。$X_j$ 可以小到只有 0，因为某个阶段可能被完整地跳过。它当然也不可能大于 $n$，也就是 RSelect 能够生成的最大递归调用数量。

根据定理（*），RSelect 在每个阶段 $j$ 的递归调用中，最多执行的操作数如下。

$$c \cdot \underbrace{\left(\frac{3}{4}\right)^j \cdot n}_{\text{最大子数组长度（阶段}j\text{）}}$$

接着，我们可以围绕不同的阶段分解 RSelect 的运行时间：

$$\text{RSelect的运行时间} \leqslant \sum_{j \geqslant 0} \underbrace{X_j}_{\substack{\text{调用}\\ \text{（阶段}j\text{）}}} \cdot c \underbrace{\left(\frac{3}{4}\right)^j n}_{\substack{\text{每个调用完成的}\\ \text{工作（阶段}j\text{）}}}$$

$$= cn \sum_{j \geqslant 0} \left(\frac{3}{4}\right)^j X_j$$

RSelect 的这个运行时间上界是个复杂的随机变量，但它是一些更简单的随机变量（各个 $X_j$）的加权之和。读者在此刻的第一反应应该是采用线性期望值（定理 B.1），把复杂随机变量的计算简化为更简单的随机变量的计算：

$$E[\text{RSelect的运行时间}] \leqslant cn \sum_{j \geqslant 0} \left(\frac{3}{4}\right)^j E[X_j] \qquad (6.1)$$

因此 $E[X_j]$是什么呢？

## 6.2.2 简化为掷硬币

为了确定阶段 $j$ 的递归调用的期望值 $E[X_j]$的上界，我们还需要完成两个任务。首先，当我们选择了一个相当不错的基准元素时，我们就进入下一阶段。如第 5.4.3 节所述，我们所定义的近似中位元素是指子数组中至少有 25%的元素小于它并且至少有 25%的元素大于它。在围绕这样的基准元素进行划分之后的情形是：

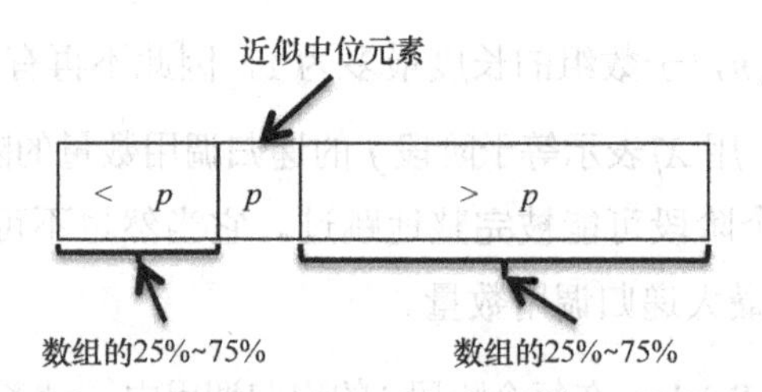


不管在 RSelect 中触发了哪个条件，递归调用所接受的子数组的长度最多只有前一个调用的 3/4，因此属于一个后面的阶段。这个论据证明了命题 6.2。

**命题 6.2（近似中位元素推动进展）** 如果一个阶段 $j$ 的递归调用选择了一个近似中位元素，则它的下一个递归调用属于阶段 $j+1$ 或者更后面的阶段。

其次，如第 5.4.3 节所证明的那样，递归调用具有相当大的机会选中一个近似中位元素。

**命题 6.3（近似中位元素是充裕的）** 调用 RSelect 时，选择一个近似中位元素的概率至少为 50%。

例如，在一个包含元素$\{1, 2, \cdots, 100\}$的数组中，从 26 到 75 的 50 个元素都是近似中位元素。

命题 6.2 和命题 6.3 允许我们用一个简单的掷硬币试验来代替阶段 $j$ 的递归调用。假设有一枚硬币，它的正面朝上和反面朝上的可能性相同。反复掷这枚硬币，第一次正面朝上的时候就停止，并用 $N$ 表示已掷硬币的次数（包括最后一次）。我们可以把"硬币正面朝上"对应于选择一个近似中位数（并结束掷硬币试验）。

**命题 6.4（简化为掷硬币）** 对于每个阶段 $j$，$E[X_j] \leqslant E[N]$。

证明：$X_j$ 和 $N$ 的定义的所有区别仅在于前者的期望值只可能更小。

1．有可能阶段 $j$ 的递归调用不存在（因为这个阶段可能会被完整地跳过），但至少总有一次掷硬币（第一次）。

2．每次掷硬币正好有 50%的机会再掷一次（在反面朝上时）。命题 6.2 和命题 6.3 提示了每个阶段 $j$ 的递归调用至少有 50%的机会延长这个阶段，它的必要条件是没有找到近似中位元素。Q.e.d.

随机变量 $N$ 是个参数值为 $\frac{1}{2}$ 的几何随机变量。在教科书或者网上查阅它的期望值，我们可以发现 $E[N]=2$。我们也可以用一种投机取巧的方式得到这个结论，就是根据它自身写出 $N$ 的期望值。关键的思路是利用随机试验无记忆这个事实：如果第一次掷硬币的结果是反面朝上，剩下的试验是对原始试验的备份。在数学上，不管 $N$ 的期望值是什么，它必须满足下面这个关系：

$$E[N]=\underbrace{1}_{\text{第一次掷}}+\underbrace{\frac{1}{2}}_{\mathrm{Pr}[\text{反面}]}\cdot\underbrace{E[N]}_{\text{更多次的抛掷}}$$

满足这个等式的 $E[N]$ 的唯一值是 2。[①]

命题 6.4 提示了这个值正是我们所关心的上界，也就是阶段 $j$ 的递归调用的期望值。

**推论 6.5（每个阶段 2 个调用）** 对于每个 $j$，$E[Xj] \leqslant 2$。

## 6.2.3 综合结论

现在我们可以使用推论 6.5 的上界作为 $E[X_j]$ 的上界，来简化 RSelect 的期望运行时间的上界：

$$E[\text{RSelect的运行时间}]\leqslant cn\sum_{j\geqslant 0}\left(\frac{3}{4}\right)^j E[X_j]\leqslant 2cn\sum_{j\geqslant 0}\left(\frac{3}{4}\right)^j$$

$\sum_{j\geqslant 0}\left(\frac{3}{4}\right)^j$ 看上有点复杂，但这已经是我们辛苦努力之后所获得的成果。我们在第 4.4 节讨论了主方法之后，又在第 4.4.8 节进行了几何级数的讨论之旅，并引申出准确的公式（4.6）：

$$1+r+r^2+\cdots+r^k=\frac{1-r^{k+1}}{1-r}$$

对于每个实数 $r\neq 1$ 和非负整数 $k$。当 $r<1$ 时，不管 $k$ 有多大，这个等式的

---

① 严格地说，我们还需要排除 $E[N]=+\infty$ 这个可能性（这个并不困难）。

最大值是$\frac{1}{1-r}$。代入$r=\frac{3}{4}$，可以得到

$$\sum_{j\geqslant 0}\left(\frac{3}{4}\right)^j \leqslant \frac{1}{1-\frac{3}{4}}=4$$

因此$E$[RSelect 的运行时间]$\leqslant 8cn = O(n)$。

这样，我们就完成了 RSelect 的分析以及定理 6.1 的证明。Q.e.d.

# *6.3 DSelect 算法

RSelect 算法对于每个输入都以预期的线性时间运行，这个期望值是建立在算法所进行的随机选择的基础之上。线性时间选择是否一定需要随机化？[①]本节和下一节将用一个确定性的线性时间算法来解决选择问题，从而给这个问题一个明确的答案。

对于排序问题，随机化的$O(n \log n)$平均运行时间与确定性算法 MergeSort 旗鼓相当，QuickSort 和 MergeSort 在实践中都是极为常用的算法。与此形成鲜明对照的是，本节所描述的确定性线性时间选择算法在实际使用中是没有问题的，但它却无法与 RSelect 竞争。造成这个结果的原因有两个，一是它的运行时间的常数因子比较大，二是 DSelect 所完成的工作需要分配和管理额外的内存。

但是，这种算法的思路仍然非常好，我忍不住要向读者介绍。

## 6.3.1 基本思路：中位的中位元素

RSelect 算法的速度很快，因为随机选择的基准元素一般是良好的，能够对输入数组进行大致平衡的划分，良好的基准元素能够实现快速的进展。如果我

① 在更广泛的角度理解随机化在计算中的威力是一个很深入的问题，也是计算机理论科学领域中一个持续被积极探索的主题。

们不能使用随机化，怎么才能在不增加太多工作量的前提下选择良好的基准元素呢？

确定性线性时间选择算法的基本思路是使用“中位的中位”作为真正中位元素的替代品。这个算法把输入数组的元素看作运动队，并进行一场两轮的淘汰赛，冠军就是基准元素，如图 6.1 所示。

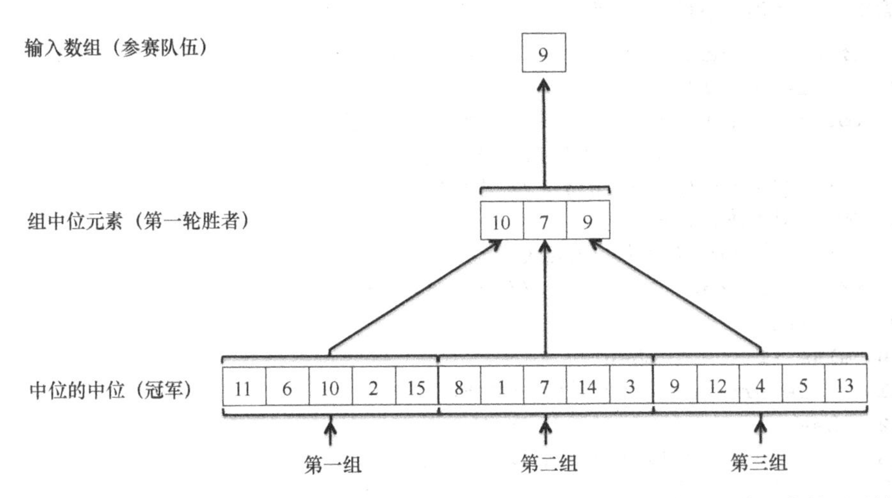


图 6.1 用一场两轮的淘汰赛来选择基准元素。在这个例子中，被选中的基准元素并不是输入数组的真正中位数，但相当接近

第一轮是小组赛，输入数组位置 1～5 的元素被分到第一组，位置 6～10 的元素被分到第二组，接下来以此类推。第一轮每个组的胜者被定义为中位元素（即第 3 小的元素）。由于一共约有 $\frac{n}{5}$ 个小组，所以第一轮大约有 $\frac{n}{5}$ 个胜者。（按照惯例，简单起见，我们忽略了小数部分）。我们把比赛的胜者定义为第一轮胜者的中位元素。

## 6.3.2 DSelect 的伪码

我们是怎么计算中位的中位元素呢？实现淘汰赛的第一轮是非常简单的，因为每个中位数的计算只涉及 5 个元素。例如，每个小组的胜者都可以通过穷举法来完成（一共只有 5 种可能性，逐个检查是否为中位元素），或者使用简化为排序的方法（第6.1.2节）。为了实现比赛的第二轮，我们采用递归的方式计算大约$\frac{n}{5}$个第一轮胜者中的中位元素。

**DSelect**

**输入**：包含$n \geqslant 1$个不同数的数组$A$，以及整数$i \in \{1, 2, \dots, n\}$。

**输出**：$A$的第$i$个统计顺序。

```
1  if n = 1 then               // 基本条件
2      return A[1]
3  for h := 1 to n /5   do     // 第一轮的胜者
4      C[h] := 一组5个元素中的中位元素
5  p := DSelect(C, n/10 )    // 中位的中位元素
6  围绕p对A进行划分
7  j := p在划分后的数组中的位置
8  if j = i then              // 运气非常好！
9      return p
10 else if j > i then
11     return DSelect(A的第一部分, i)
12 else                       // j < i
13     return DSelect(A的第二部分, i - j)
```

第1～2行和第6～13行与Rselect的相同。第3～5行是这个算法仅有的新增部分，它们计算输入数组的中位的中位元素，替换RSelect中随机选择基准元素的那行代码。

第3行和第4行计算淘汰赛第一轮的胜者，使用穷举法或一种排序算法来确认一组5个元素中的中间元素，并把这些胜者复制到一个新的数组$C$[①]中。第5行通过递归地计算$C$的中位数来计算比赛的最终胜者。由于$C$的长度大约是$n/5$，因此胜者是$C$的第$n/10$个统计顺序。这个算法的所有步骤都没有使用随机化。

## 6.3.3 理解DSelect

在计算基准元素时递归地调用DSelect看上去似乎会陷入危险的循环。为了

① 正是这个辅助数组导致DSelect不像RSelect那样能够原地运行。

理解具体发生了什么，我们首先弄清递归调用的总数。

**小测验 6.3**

调用一次 DSelect 一般会产生多少个递归调用？

（a）0

（b）1

（c）2

（d）3

**正确答案：**（c）。抛开递归的基本条件以及基准元素恰好是我们所寻找的统计顺序这两种情况，DSelect 算法会制造两个递归调用。为了弄情原因，我们不需要过度思考，只要逐行检查 DSelect 的伪码就可以了。第 5 行有一个递归调用，然后是第 11 行或第 13 行有另一个递归调用。

关于这两个递归调用，有两处容易混淆的地方。首先，难道不是因为 RSelect 算法只制造一个递归调用才使得它的运行速度快于排序算法吗？DSelect 既然制造了两个递归调用，那岂不是放弃了这个最重要的改进？第 6.4 节将会说明，由于第 5 行的额外递归调用只需要解决一个相对较小的子问题（原始数组 20%的元素），因此它在总体上仍然可以达到线性时间。

其次，这两个递归调用扮演了两个在本质上完全不同的角色。第 5 行的递归调用的目标是为当前递归调用寻找一个良好的基准元素。第 11 行或 13 行的递归调用的目标和 Rselect 的一样，采用递归的方式解决当前递归调用所剩下的一个较小的剩余问题。不管怎样，DSelect 中的递归结构符合我们已经学习的所有其他分治算法的传统：每个递归调用制造少量作用于严格更小的子问题的递归调用，并完成一定数量的额外工作。如果我们不担心像 MergeSort 或 QuickSort 这样的算法会永远运行下去，也不必对 DSelect 存有这个担心。

## 6.3.4 DSelect 的运行时间

DSelect 算法不仅是一个具有良好定义的程序，它能够在有限的时间内完成任务。它能够以线性时间运行，与读取输入相比，只是增加了一个常数因子级的其他工作。

**定理 6.6（DSelect 的运行时间）**对于每个长度为 $n(n\geqslant1)$的输入数组，DSelect 的运行时间是 $O(n)$。

和 RSelect 的运行时间不同，后者的最坏情况在原则上可以达到$\Theta(n^2)$，而 DSelect 的运行时间总是 $O(n)$。但是，在实际使用中，还需要应该优先选择 RSelect 而不是 DSelect，因为前者是在原地运行的，而定理 6.1 的平均运行时间"$O(n)$"所隐藏的常数因子要小于定理 6.6 所隐藏的常数因子。

## 一支计算机科学超级队伍

《算法详解》系列的其中一个目标是让著名的算法看上去变得简单（至少是从事后诸葛的角度），使读者觉得自己也能够想出它们，只要自己在正确的时间处于正确的位置。

几乎不会有人对 DSelect 也产生同样的感觉，因为它是由一支包含 5 名研究人员的计算机科学超级队伍所发明的，其中 4 人获得过号称计算机科学界的诺贝尔奖的 ACM 图灵奖（都是因为不同的成就获奖！）[①]。因此，即使读者觉得 DSelect 完全不是自己的思维所能想象（即使是在自己创造力最强的时候）的，也不必灰心丧气。就像在网球场上击败罗杰·费德勒是极为困难的一样，更何况这支超级队伍里有 5 个这种级别的人物！。

① 这个算法以及它的分析出现于论文 *Times Bounds for Selection* 中，作者 Manuel Blum、Robert W. Floyd、Vaughan Pratt、Ronald L. Rivest 和 Robert E. Tarjan（《计算机和系统科学期刊》，1973）。（一篇论文有 5 位作者是极为罕见的。）按照时间的先后：Floyd 于 1978 年因为在算法以及编程语言和编译器方面所做出的贡献而获得图灵奖。Tarjan 于 1986 年（与 John E. Hopcroft 一起）因为在算法和数据结构方面的成果（将在算法谜题系列的最后一部讨论）而获奖。Blum 于 1995 年获奖，主要是因为他在密码学方面的杰出贡献。Rivest 于 2002 年和 Leonard Adleman 和 Adi Shamir 一起因为公钥密码系统的成就而获奖，RSA 中的 R 就是他。另外，Pratt 因为全能而闻名于此，他的成就小到原始测试算法，大到共同创立 Sun Microsystems！

# *6.4 DSelect 的分析

DSelect 是不是真的能以线性时间运行？它看上去像是完成了相当夸张的工作量，它有两个递归调用，并且在递归调用之外也需要完成很多额外的工作。我们所看到过的每种具有两个或更多个递归调用的其他算法的运行时间是$\theta(n \log n)$或更差。

## 6.4.1 递归调用之外所完成的工作

首先，让我们理解 DSelect 调用在它的递归调用之外所完成的操作数量。这两个需要相当大工作量的步骤分别是计算第一轮的胜者（第 3～4 行）以及围绕中位的中位对输入数组进行划分（第 6 行）。

和 QuickSort 或 RSelect 一样，第二个步骤也是以线性时间运行的。那么第一个步骤是怎么样的呢？

我们把注意力集中在一个特定的 5 元素小组中。由于元素的数量是固定的（与输入数组的长度 $n$ 无关），因此计算中位元素只需要常数级的时间。例如，假设我们采用简化为排序的方法（第 6.1.2 节），例如使用 MergeSort。我们对 MergeSort 的工作量是了如指掌的（定理 1.2），对一个长度为 $m$ 的数组进行排序最多需要 $6m(\log_2 m + 1)$的操作。我们可能担心的是 MergeSort 算法本身并不是以线性时间运行的。

但是，我们只是在常数长度（$m = 5$）的子数组上调用 MergeSort，因此它只执行常数级（每个子数组最多执行 $6\times5\times(\log_2 5 + 1)\leqslant120$）的操作。由于一共有 $n/5$ 个小组需要进行排序，这样总共最多就是 $120 \cdot n/5 = 24n = O(n)$的操作。我们可以得出结论，在它的递归调用之外，DSelect 算法所完成的是线性的工作量。

## 6.4.2 一个粗略的递归过程

在第 4 章中，我们使用递归过程对分治算法进行了分析。递归过程根据递归调用所执行的操作数量表达算法的运行时间上界 $T(n)$。我们在这里尝试同样的方法，让 $T(n)$ 表示 DSelect 对长度为 $n$ 的输入数组所执行的最大操作数量。当 $n=1$ 时，DSelect 简单地返回唯一的数组元素，因此 $T(1)=1$。对于更大的 $n$，DSelect 算法在第 5 行制造一个递归调用，另一个递归调用出现在第 11 行或第 13 行，并执行 $O(n)$ 级的额外工作（包括划分、计算和复制第一轮的胜者）。我们可以把它转换为一个具有下面这种形式的递归过程：

$$T(n) \leqslant T(\underbrace{\text{子问题\#1的长度}}_{=n/5}) + T(\underbrace{\text{子问题\#2的长度}}_{=?}) + O(n)$$

为了评估 DSelect 的运行时间，我们需要理解它的两个递归调用所解决的子问题的长度。第一个子问题（第 5 行）的长度是 $n/5$，表示第一轮的胜者数量。

我们不知道第二个子问题的长度，它依赖于哪个元素被选作基准元素以及它所寻找的统计顺序是小于还是大于这个基准元素。子问题长度的不确定性正是我们并不使用可以对 QuickSort 和 RSelect 算法进行分析的递归过程的原因。

在真正的中位元素被选作基准元素这种特殊的情况下，第二个子问题保证最多由 $n/2$ 个元素所组成。中位的中位元素一般并不是真正的中位数（图 6.1）。它是否足够接近、能够保证对输入数组进行近似平衡的划分，从而使第 11 行或第 13 行的子问题并不大太呢？

### 6.4.3 30-70 辅助结论

DSelect 算法的分析核心是下面这个辅助结论，它所获得的收益足以抵消为了计算中位的中位元素所进行的辛苦工作：这个基准元素保证对输入数组进行 30%～70%或更好的划分。

**辅助结论 6.7（30-70 辅助结论）** 对于每个长度 $n \geqslant 2$ 的输入数组，传递给 DSelect 的第 11 行或第 13 行的递归调用的子数组的长度最多不超过 $\frac{7}{10}n$。[①]

---

① 严格地说，由于其中一个“5 元素小组”的元素数量可能小于 5 个（如果 $n$ 并不是 5 的倍数），$\frac{7}{10}n$ 应该是 $\frac{7}{10}n+2$ 向上取最接近的整数。和忽略小数位一样的原因，我们也忽略了这个“+2”，它会以一种无趣的方式使分析变得复杂化，但对于运行时间的底线并没有真正的影响。

30-70 辅助结论允许我们用 $\frac{7}{10}n$ 替换上面这个粗略的递归过程中的“?”。对于每个 $n \geqslant 2$，满足

$$T(n) \leqslant T(\frac{1}{5} \cdot n) + T\left(\frac{7}{10} \cdot n\right) + O(n) \tag{6.2}$$

我们首先证明 30-70 辅助结论，然后证明递归过程（见不等式（6.2））能够说明 DSelect 是个线性时间的算法。

辅助结论 6.7 的证明：设 $k = n/5$，表示 5 元素小组的数量，也就是第一轮胜者的数量。定义 $x_i$ 为第一轮胜者中的第 $i$ 小元素，相当于 $x_1, \cdots, x_k$ 是第一轮胜者的有序排列。锦标赛的冠军，即中位的中位元素是 $x_{k/2}$（如果 $k$ 是奇数，则是 $x_{\lceil k/2 \rceil}$）[①]。我们的计划是论证 $x_{k/2}$ 不小于 50%的 5 元素小组中至少 60%的元素，并且不大于 50%的小组中至少 60%的元素。至少有 60%×50% = 30%的输入数组元素将不会大于中位的中位元素，并且至少有 30%的元素不会小于中位的中位元素：

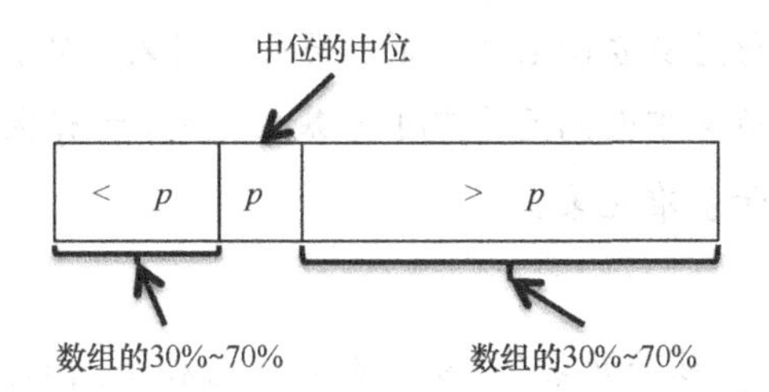


为了实现这个计划，考虑下面这个思维实验。在我们的思维中（并不是在实际的算法中），我们把所有的输入数组元素以二维的网格形式排列。一共有 5 行，$n/5$ 个列中的每一列对应于其中一个 5 元素小组。在每一列中，我们按顺序从底到顶排列这 5 个元素。最终，我们对所有的列完成排列，使第一轮的胜者（即中间行的元素）从左到右排序。例如，如果输入数组是：

| 11 | 6 | 10 | 2 | 15 | 8 | 1 | 7 | 14 | 3 | 9 | 12 | 4 | 5 | 13 |
|---|---|---|---|---|---|---|---|---|---|---|---|---|---|---|

则对应的网格是：

① $\lceil x \rceil$ 这种记法表示“天花板”函数，它把参数向上取最接近的整数。

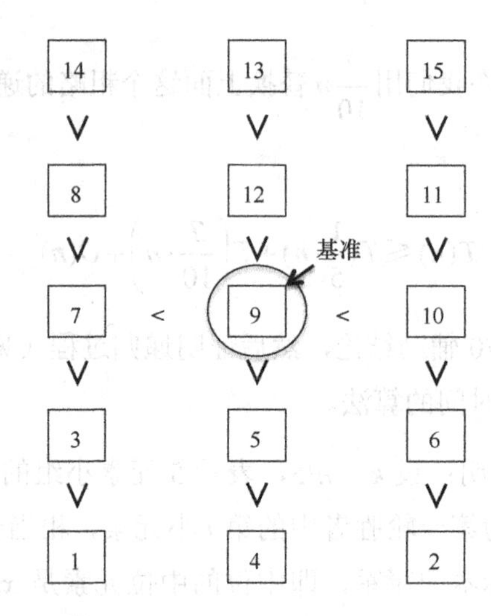


基准元素（中位的中位元素）位于中心位置。

**关键的观察结果**

由于中间那行是从左向右排序的，而每一列又是从底到顶排序的，所有在基准元素左边和下面的元素都小于基准元素，所有在基准元素右边和上面的元素都大于基准元素。①

在我们的例子中，基准元素是“9”，在它左边和下面的元素是{1, 3, 4, 5, 7}，在它右边和上面的元素是{10, 11, 12, 13, 15}。因此，至少有6个元素被排除在传递给下一个递归调用的子数组之外，被排除的元素要么是基准元素9和{10, 11, 12,13, 15}（第11行），要么是基准元素9和{1, 3, 4, 5, 7}（第13行）。不管是哪种，下一个递归调用最多接受9个元素的子数组，而9不到15的70%。

递归条件的论证也是一样。图6.2描述了一个任意的输入数组的网格的样子。由于基准元素是中间那行的中位元素，因此至少有50%的列（包括基准所在的列）位于包含基准元素的那一列的左边。在这些列中，至少有60%的元素（5中有3）不大于该列的中位元素，因此它不会大于基准元素。

① 基准元素左上的元素和右下的元素可以认为是小于基准元素或大于基准元素。

因此，至少有 30%的输入数组元素不大于基准元素，这些元素都被排除在第 13 行的递归调用之外。类似，至少有 30%的元素不小于基准元素，这些元素都被排除在第 11 行的递归调用之外。这样，我们就完成了 30-70 辅助结论的证明。 Q.e.d.

## 6.4.4 解析递归过程

30-70 辅助结论提示了输入数组的长度在 DSelect 的每个递归调用中都根据一个常数因子进行缩减，对于 DSelect 实现线性运行时间而言这是个好兆头。但它是不是得不偿失呢？计算中位的中位元素所付出的代价能否因为良好的基准元素所带来的良好划分而得到补偿呢？为了回答这些问题，并完成定理 6.6 的证明，我们需要推断出公式（6.2）的递归过程的结果。

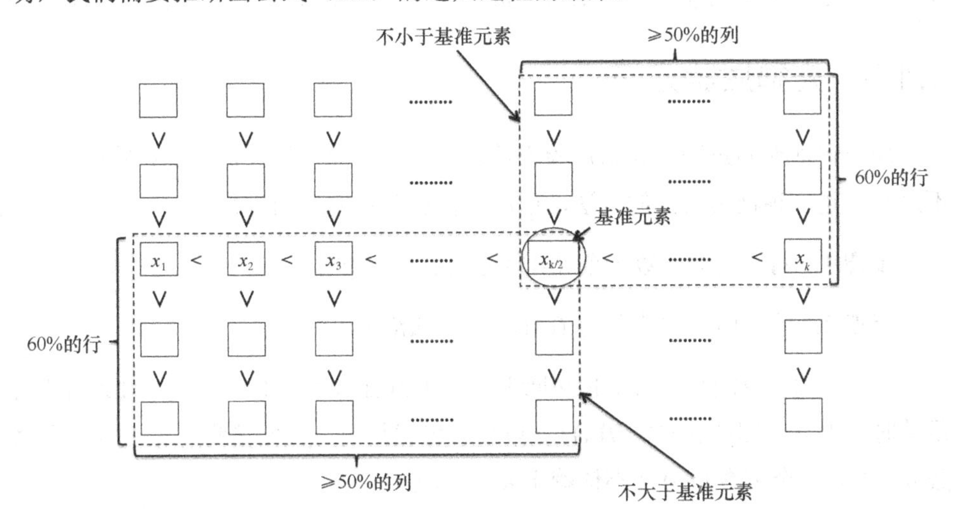


图 6.2 30-70 辅助结论的证明。想像输入数组的元素分布于网格格式。每一列对应于一个 5 元素小组，从底至顶排序。列与列之间是根据它们的中位元素进行排序的。图 6.2 假设 $k$ 是偶数。如果 $k$ 是奇数，则“$x_{k/2}$”就用“$x_{\lceil k/2 \rceil}$”代替。中位的中位元素西南方向的元素只可能小于它，它的东北方向的元素只可能大于它。因此，至少有 60%×50% = 30%的元素被排除在两个可能的递归调用的其中一个之外

由于 DSelect 算法在它的递归调用之外完成 $O(n)$的工作（计算第一轮的胜者，对数组进行划分等），因此有一个常数 $c > 0$，对于每个 $n \geqslant 2$，满足

$$T(n) \leqslant T\left(\frac{1}{5} \cdot n\right) + T\left(\frac{7}{10} \cdot n\right) + cn \qquad (6.3)$$

其中 $T(n)$是 DSelect 在长度为 $n$ 的数组上的运行时间上界。我们可以认为 $c \geqslant 1$（因为随着 c 的增大，并不会使不等式(6.3)不成立）。另外，$T(1) = 1$。正如我们将要看到的那样，这个递归过程的关键属性是$\frac{1}{5}+\frac{7}{10}<1$。

我们依靠主方法（第 4 章）来评估我们到目前为止所遇到的所有递归过程，包括 MergeSort、Karatsuba、Strassen 等。我们代入 3 个相关参数（$a$、$b$ 和 $d$），然后就可以得到该算法的运行时间上界。遗憾的是，DSelect 中的两个递归调用具有不同的长度，这就排除了应用定理 4.1 的可能。对定理 4.1 的递归树参数进行扩展使之适用于公式（6.3）的递归过程是可行的。[①]由于各种原因，并且为了在读者的工具箱中增加另一个工具，接下来我们将使用另一种不同的方法。

## 6.4.5 先猜后验方法

用于评估递归过程的先猜后验方法就像它的字面意思一样，是种临时措施，不过它也是一种极端灵活的方法，适用于任意狂野的递归过程。

**步骤 1：猜。**猜测函数一个 $f(n)$满足 $T(n) = O(f(n))$。

**步骤 2：验。**用归纳法证明 $T(n)$确实是 $O(f(n))$。

一般而言，猜测步骤有点像黑暗艺术。在当前的例子中，由于我们试图证明线性时间上界，因此就猜测 $T(n) = O(n)$。[②]也就是说，我们猜测：对于每个正整数 $n$，均有一个常数$1>0$（不依赖于 $n$），满足

$$T(n) \leqslant 1 \cdot n \qquad (6.4)$$

① 对于假设论证，考虑 DSelect 的第一对递归调用，即该算法的递归树第一层的二个节点。其中一个递归调用接受输入数组 20%的元素，另一个递归调用最多接受包含输入数组 70%的元素，这一层所完成的工作量与两个子问题长度之和呈线性关系。因此，第一层所完成的工作量最多是第 0 层工作量的 90%。对于后面的递归树层，可以以此类推。这个看上去像是主方法的第二种情况，也就是每一层的工作量按照某个常数因子缩减。这个类比提示了根层所执行的 $O(n)$工作量决定了算法的运行时间（如第 4.4.6 节所述）。

② 对我们来说，“先希望后验证”是个更适当的术语。

如果这个猜测是正确的，由于l是个常数，所以就证实了我们的希望 $T(n) = O(n)$。

在验证公式（6.4）时，我们可以自由地选择自己想要的l，只要它不依赖于 $n$。与渐进性表示法的证明相似，确定适当常量的正常方式是对它进行逆向工程（如第 2.5 节所述）。在这里，我们将取l=10c，其中 c 是公式（6.3）中的常数因子。（由于 c 是常数，所以l也是常数。）这个数是从哪里来的呢？它是下面的不等式（6.5）成立的情况下的最小常数。

我们通过数学归纳法证明式（6.4）。根据附录 A 的术语，$P(n)$是个声明，表示 $T(n) \leqslant l \cdot n = 10c \cdot n$。对于基本条件，我们需要直接证明 $P(1)$为真，意味着 $T(1) \leqslant 10c$。递归过程明确表示 $T(1) = 1$ 并且 c≥1，因此 $T(1) \geqslant 10c$ 当然也是成立的。

在归纳步骤中，取一个任意的正整数 $n \geqslant 2$。我们需要证明 $T(n) \leqslant l \cdot n$。归纳假设表示 $P(1),\cdots,P(n-1)$ 都为真，意思是对于所有的 $k < n$，均有 $T(k) \leqslant l \cdot k$。为了证明 $P(n)$，我们直接跟着直觉走。

首先，递归过程式（6.3）把 $T(n)$分解为 3 个项：

$$T(n) \leqslant \underbrace{T\left(\frac{1}{5} \cdot n\right)}_{\substack{\leqslant l \cdot \frac{n}{5} \\ \text{(归纳假设)}}} + \underbrace{T\left(\frac{7}{10} \cdot n\right)}_{\substack{\leqslant l \cdot \frac{7n}{10} \\ \text{(归纳假设)}}} + cn$$

我们不能直接操作上面的任何一项，但是可以应用归纳假设，一次是当 $k = \frac{n}{10}$ 时，另一次是当 $k = \frac{7n}{10}$ 时。

$$T(n) \leqslant l \cdot \frac{n}{5} + l \cdot \frac{7n}{10} + cn$$

对这个不等式进行整理后得

$$T(n) \leqslant n \underbrace{\left(\frac{9}{10} l + c\right)}_{\substack{=l \\ \text{（当}l=10c\text{时）}}} = l \cdot n \tag{6.5}$$

这就证明了用于验证 $T(n) \leqslant 1 \cdot n = O(n)$ 的归纳步骤，并完成了具有独创性的DSelect算法能够以线性时间运行（定理6.6）的证明。 Q.e.d.

## 6.5 本章要点

- 选择问题的目的是找出一个未排序数组的第 $i$ 小的元素。
- 选择问题可以在 $O(n \log n)$ 时间内解决，其中 $n$ 是输入数组的长度。只要对数组进行排序并返回第 $i$ 个元素就可以了。
- 选择问题也可以像QuickSort一样，通过围绕一个基准元素把输入数组划分为更小的子问题，然后对子问题进行递归调用来解决。RSelect总是统一按照随机的方式选择基准元素。
- RSelect的运行时间依赖于所选择的基准元素，在 $\Theta(n)$ 和 $\Theta(n^2)$ 之间波动。
- RSelect的平均运行时间是 $\Theta(n)$。它的证明可以简化为掷硬币试验来完成。
- 确定性的DSelect算法的基本思路是使用“中位的中位”作为基准元素：把输入数组划分为5个元素一组，直接计算每一组的中位元素，并递归地计算 $n/5$ 的小组胜者的中位元素。
- 30-70辅助结论显示了中位的中位方法能够保证对输入数组进行30%～70%或更好的划分。
- DSelect的分析显示了在递归调用中计算中位的中位元素所完成的工作被30%～70%划分所带来的优点所补偿，因此它能够实现线性运行时间。

## 6.6 本章习题

**问题6.1** 假设α是个常量，与输入数组的长度 $n$ 无关，并严格位于1/2和1之间。假设我们使用RSelect算法计算一个长度为 $n$ 的数组的中位元素。传递给第一次递归调用的子数组的长度最大不超过 $\alpha \cdot n$ 的概率有多大？

（a）$1-\alpha$

（b）$\alpha-1/2$

（c）$1-2/\alpha$

（d）$2\alpha-1$

**问题 6.2** 假设 α 是个常量，与输入数组的长度 $n$ 无关，并严格位于 1/2 和 1 之间。假设每个 RSelect 递归调用的进展都像前一个问题一样，因此当一个递归调用所接受的数组长度为 $k$ 时，传递给它所制造的递归调用的子数组的长度最多为 $\alpha k$。在触发基本条件之前，最多可能有多少个后续的递归调用？

（a）$-\frac{\ln n}{\ln \alpha}$

（b）$-\frac{\ln n}{\alpha}$

（c）$-\frac{\ln n}{\ln(1-\alpha)}$

（d）$-\frac{\ln n}{\ln(\frac{1}{2}+\alpha)}$

## 挑战题

**问题 6.3** 在这个问题中，输入是个包含 $n$ 个不同元素的未排序数组，其元素 $x_1, x_2, \cdots, x_n$ 具有正的权重 $w_1, w_2, \cdots, w_n$。

我们用 $W$ 表示 $\sum_{i=1}^{n} w_i$ 的权重之和。我们把加权的中位元素定义为元素 $x_k$，使所有值小于 $x_k$ 的元素的总权重（即 $\sum_{x_i<x_k} w_i$）最多不超过 $W/2$；另外，所有值大于 $x_k$ 的元素的总权重（即 $\sum_{x_i>x_k} w_i$）最多也不超过 $W/2$。注意，最多有两个加权中位元素。提供一种确定性的线性时间算法，计算输入数组中的所有加权中位元素【提示：使用 DSelect 作为子程序】。[①]

**问题 6.4** 假设我们修改了 DSelect 算法，使用 7 个元素一组而不是 5 个一组。（和前面一样使用中位的中位作为基准元素。）这个经过修改的算法是不是仍然以 $O(n)$时间运行？如果我们使用 3 个元素一组，情况又是如何？

## 编程题

**问题 6.5** 用自己喜欢的编程语言实现第 6.1 节的 RSelect。这个实现应该在原地进行操作，使用 Partition 的一种内置实现（读者可能已经在问题 5.6 中实现了 Partition）并在递归过程中传递索引来记录原始输入数组中仍然相关的部分。（关于测试例和挑战数据集，可以访问 www.algorithmsilluminated.org。）

① 关于这个问题的更深入钻研，可以参阅论文 *Select with Groups of 3 or 4 Takes Linear Time*，作者 Ke Chen 和 Adrian Dumitrescu（arXiv:1409.3600, 2014）。

# 附录 A

# 快速回顾数学归纳法

可以说，数学归纳法贯穿了计算机科学的历史。例如，在第 5.1 节，我们使用数学归纳法论证了 QuickSort 算法总是能够正确地对它的输入数组进行排序。在第 6.4 节，我们使用数学归纳法证明了 DSelect 算法是以线性时间运行的。

数学归纳法可能并不直观，至少第一眼看上去是这样。好消息是它们遵循一个相对刻板的模板，只需要稍稍实践很快就能上手。本附录解释了这个模板，并提供了两个简单的例子。如果读者以前没有看过数学归纳法，那么应该在学习了本附录之后再阅读其他具有更多实例的材料。[①]

## A.1 数学归纳法的模板

为了实现这个目的，数学归纳法为每个正整数 $n$ 建立了一个声明 P($n$)。例如，在证明第 5.1 节的 QuickSort 算法的正确性时，我们可以定义 P($n$)为“对于每个长度为 $n$ 的输入数组，QuickSort 可以正确地对它进行排序”。在分析第 6.4 节的 DSelect 算法的运行时间时，我们可以定义 P($n$)为“对于每个长度为 $n$ 的输入数组，DSelect 最多在执行 $100n$ 次的操作之后就会停止”。数学归纳法允许我们证

---

① 例如，可以阅读 Eric Lehman 和 Tom Leighton 免费课程笔记的第 2 章。

明一个算法的某个属性，例如正确性或运行时间上界，它是通过依次为不同输入长度的数组明确这个属性来完成证明的。

与递归算法类似，数学归纳法也是由两部分组成：一个基本条件和一个归纳步骤。基本条件证明了对于所有足够小的 $n$ 值（一般是 $n = 1$），$P(n)$是成立的。在归纳步骤中，我们假设 $P(1),\cdots, P(n-1)$都是成立的，因此证明 $P(n)$也是成立的。

基本条件：直接证明 $P(1)$是成立的。

归纳步骤：证明对于每个整数 $n \geqslant 2$，

如果$\underbrace{P(1), P(2), \cdots, P(n-1)\text{是成立的}}_{\text{归纳假设}}$，则 $P(n)$也是成立的。

在归纳步骤中，我们假设对于所有小于 $n$ 的 $k$ 值，都已经确定了 $P(k)$是成立的。这称为归纳假设，我们应该使用这个假设来确定 $P(n)$的成立。

如果我们证明了基本条件和递归步骤，则对于每个正整数 $n$，$P(n)$就是真正成立的。根据基本条件，$P(1)$是成立的。然后，我们不断地应用归纳步骤，证明 $P(n)$对于任意大的 $n$ 值都是成立的。

## A.2 实例：闭合公式

我们可以使用数学归纳法从前 $n$ 个正整数之和推导出一个闭和公式。用 $P(n)$表示下面这个声明：

$$1+2+3+\cdots+n=\frac{(n+1)n}{2}$$

当 $n=1$ 时，左边是 1，右边是 $2\times1/2=1$。

这就说明 $P(1)$是成立的，基本条件就完成了。对于归纳步骤，我们挑选一个任意的整数 $n \geqslant 2$，并假设 $P(1), P(2),\cdots,P(n-1)$都是成立的。具体地说，我们可以假设 $P(n-1)$，具体如下：

$$1+2+3+\cdots+(n-1)=\frac{n(n-1)}{2}$$

现在我们在等号两边都加上 $n$，得出：

$$1+2+3+\cdots+n=\frac{n(n-1)}{2}+n=\frac{n^2-n+2n}{2}=\frac{(n+1)n}{2}$$

这就证明了 P($n$)是成立的。由于我们已经确立了基本情况和归纳步骤，因此可以推断 P($n$)对于每个正整数 $n$ 都是成立的。

## A.3 实例：完全二叉树的大小

接下来，我们对一棵 $n$ 层的完全二叉树的节点进行计数。在图 A.1 中，我们看到当 $n$=4 层时，节点的数量是 15 = $2^4-1$。这个模式是不是对于所有的情况都是正确的呢？

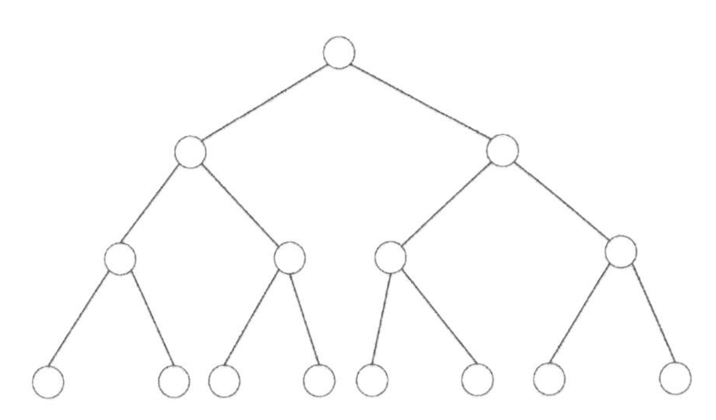

图 A.1　一棵 4 层完全二叉树具有 $2^4-1$=15 个节点

对于每个正整数 $n$，用 P($n$)表示“一棵 $n$ 层完全二叉树具有 $2^n-1$ 个节点。”对于基本条件，一棵一层的完整二叉树正好具有 1 个节点。$2^1-1=1$，因此 P(1)是成立的。对于归纳步骤，确定一个正整数 $n\geqslant 2$，并假设 P(1), P(2),⋯,P($n-1$)都是成立的。

$n$ 层完全二叉树的节点可以分为 3 组：(i)根节点；(ii)根的左子树的节点；(iii)根的右子树的节点。根的左子树和右子树本身都是完全二叉树，每个都有 $n-1$

层。由于我们假设 P($n$−1)是正确的，因此左子树和右子树都正好具有 $2^{n-1}-1$ 个节点。

把 3 个组的节点加在一起，我们得到这棵树的节点总数是：

$$\underbrace{1}_{\text{根}}+\underbrace{2^{n-1}-1}_{\text{左子树}}+\underbrace{2^{n-1}-1}_{\text{右子树}}=2^n-1$$

这就证明了 P($n$)是成立的。由于 $n\geqslant 2$ 是任意的，因此这个归纳步骤是成立的。我们可以得出结论，对于每个正整数 $n$，P($n$)都是成立的。

# 附录B 快速回顾离散概率

本附录介绍离散概率的一些概念：取样空间、事件、随机变量、期望值和线性期望值，它们对于随机化的 QuickSort 的分析（定理 5.1 和第 5.5 节）是极为重要的。第 B.6 节用一个把这些概念串联在一起的负载平衡的例子完成了这个话题的讨论。我们还将在算法详解系列的其他几部中使用这些概念，如在数据结构、图形算法和本地搜索算法中。如果读者是首次接触这方面的材料，很可能还需要阅读一些更完整的材料。如果读者以前已经学习过这些概念，就不一定要从头到尾阅读本附录的内容了，只要适当地选择自己觉得需要复习的内容就可以了。

## B.1 取样空间

我们对可能会对任意数量的不同事情的随机化过程很感兴趣。所谓取样空间，就是可能发生的所有不同事情的集合。我们可以在这个集合中执行一些操作，如分配概率、取平均数等。例如，如果我们的随机过程是掷一个六面骰子，则 $\Omega=\{1, 2, 3, 4, 5, 6\}$。令人愉快的是，在分析随机化算法时，我们总是可以取 $\Omega$ 为一个有限的集合，并且只处理不同的概率，它比通用的概率理论更为简单。

取样空间 $\Omega$ 的每个元素 $i$ 都有一个非负的概率 $p(i)$，可以认为是随机过程的

结果为 $i$ 的频率。例如，如果是一个公平的六面骰子，则 $p(i)$对于每个 $i = 1, 2, 3, 4, 5, 6$ 都是 1/6。一般而言，由于 $\Omega$ 包含了所有可能发生的事情，所以这些概率之和应该为 1：

$$\sum_{i \in \Omega} p(i) = 1$$

一个常见的特殊情况是 $\Omega$ 的每个元素都具有相同的概率，这称为均匀分布，此时对于每个 $i \in \Omega, p(i) = \frac{1}{|\Omega|}$[①]。这看上去有点像抽象的概念，因此我们通过两个实际例子来解释。在第一个例子中，随机过程是掷两个标准的（六面）骰子。取样空间是 36 种可能出现的不同组合：

$$\Omega = \underbrace{\{(1,1),(2,1),(3,1),\cdots,(5,6),(6,6)\}}_{36\text{个有序对}}$$

假设骰子是公平的，每个结果的出现概率是相同的：对于每个 $i \in \Omega$, $p(i) = \frac{1}{36}$。

第二个例子与算法的关系更为密切，它是在随机化的 QuickSort（第 5.4 节）的最外层调用中选择基准元素。输入数组的任何元素都有可能被选为基准元素，因此

$$\Omega = \underbrace{\{1,2,3,\cdots,n\}}_{\text{基准元素的可能位置}}$$

其中 $n$ 是输入数组的长度。根据定义，在随机化的 QuickSort 中，每个元素都有同等的概率被选为基准元素，因此对于每个 $i \in \Omega, p(i) = \frac{1}{n}$。

# B.2 事件

取样空间是随机过程的所有可能出现的结果的集合，而事件则是取样空间的一个子集 $S \subseteq \Omega$。事件 $S$ 的概率 $Pr[S]$的定义正如我们所预料的那样，就是 $S$ 的

① 对于有限的集合 S，|S|表示 S 中元素的数量。

其中一个结果的发生概率：

$$Pr[S]=\sum_{i\in S}p(i)$$

我们通过两个具体的例子来进行这个概念的一些实践。

**小测验 B.1**

如果 $S$ 表示两个标准骰子之和为 7 的结果集。事件 $S$ 的概率是什么呢？[1]

（a）$\frac{1}{36}$

（b）$\frac{1}{12}$

（c）$\frac{1}{6}$

（d）$\frac{1}{2}$

（关于正确答案和详细解释，参见第 B.2.1 节）

第二个小测验与 QuickSort 的最外层调用选择随机的基准元素有关。如果选择一个基准元素之后，至少有 25%的数组元素小于这个基准，并且至少有 25%的元素大于这个基准，那么就称该基准元素为“近似中位元素”。

**小测验 B.2**

如果 $S$ 表示在 QuickSort 的最外层调用中随机所选择的基准元素为近似中位元素，事件 $S$ 的概率是什么？

（a）$\frac{1}{n}$，其中 $n$ 是数组的长度

（b）$\frac{1}{4}$

① 这是对玩掷骰游戏而言非常实用的知识。

（c）$\frac{1}{2}$

（d）$\frac{3}{4}$

（关于正确答案和详细解释，参见第B.2.2节）

## B.2.1 小测验B.1的答案

**正确答案：**（c）。两个骰子之和为7共有6个结果：

$$S = \{ (6, 1), (5, 2), (4, 3), (3, 4), (2, 5), (1; 6) \}$$

由于$\Omega$的每个结果都具有相同的概率，对于每个$i \in S$，$p(i) = \frac{1}{36}$。因此：

$$Pr[S] = |S| \cdot \frac{1}{36} = \frac{6}{36} = \frac{1}{6}\text{。}$$

## B.2.2 小测验B.2的答案

**正确答案：**（c）。作为一种思维试验，我们可以想象把输入数组中的元素划分为4组：最小的$n/4$个元素，次小的$n/4$个元素，再次小的$n/4$个元素，最后是最大的$n/4$个元素。（和往常一样，为了简单起见，我们忽略了元素数量不能被4整除的问题）第二组和第三组的每个元素都是近似中位元素，因为第一组的所有$n/4$个元素都小于它们并且最后一组的$n/4$个元素都大于它们。反之，如果这种算法从第一组或最后一组选择了一个元素作为基准元素，要么是小于该基准元素的元素只是第一组的一个严格子集，要么是大于该基准元素的元素只是最后一组的一个严格子集。在这种情况下，基准元素就不是近似中位元素。因此，事件$S$对应于第二组和第三组的$n/2$个元素被选为基准元素，由于每个元素都有同等的概率被选为基准元素，所以：

$$Pr[S] = |S| \cdot \frac{1}{n} = \frac{n}{2} \cdot \frac{1}{n} = \frac{1}{2}$$

# B.3 随机变量

随机变量是一个随机过程的结果的数值测量。从形式上说，它是一个在取样空间 $\Omega$ 上定义的一个实数值函数 $X:\Omega \to R$。它的输入 $i \in \Omega$ 到 $X$ 是这个随机过程的一个结果，它的输出 $X(i)$ 是个数值。

在第一个具体实例中，我们可以定义一个随机变量为两个骰子之和。这个随机变量是结果（一个 $(i, j)$ 对，其中 $i, j \in \{1, 2, 3, \cdots, 6\}$）根据 $(i, j) \to i+j$ 所映射的实数。在第二个具体的实例中，我们可以定义一个随机变量为传递给 QuickSort 的第一个递归调用的子数组的长度。这个随机变量把每个结果（也就是基准元素的每个选择）映射为一个 0（如果被选中的基准元素是最小元素）到 $n-1$（$n$ 是输入数组的长度，此时被选中的基准元素是最大的元素）之间的整数。

第 5.5 节研究了随机变量 $X$ 是随机化的 QuickSort 处理一个特定的输入数组的运行时间。在这个例子中，取样空间 $\Omega$ 是该算法可能选择的所有可能的基准元素，$X(i)$ 是该算法对基准元素选择的一个特定的序列 $i \in \Omega$ 所执行的操作数量。[①]

# B.4 期望值

随机变量 $X$ 的期望值是它的所有可能发生的情况的平均值，这个平均值根据不同结果的概率进行了适当的加权。从直觉上说，如果一个随机过程不断地反复发生，$E[X]$ 就是随机变量 $X$ 长期运行的平均值。例如，如果 $X$ 是一个公平的六面骰子的值，则 $E[X] = 3.5$。

在数学中，如果 $X:\Omega \to R$ 是个随机变量并且 $p(i)$ 表示结果 $i \in \Omega$ 的概率，则

---

① 由于随机化的 QuickSort 中的唯一随机性出现在基准元素的选择中，一旦我们确定了这些选择，QuickSort 就具有某种定义良好的运行时间。

$$E[x]=\sum_{i\in\Omega}p(i)\cdot X(i) \tag{B.1}$$

接下来的两个小测验要求读者完成前一节所定义的两个随机变量的期望值。

**小测验 B.3**

两个骰子之和的期望值是多少？

（a）6.5

（b）7

（c）7.5

（d）8

（关于正确答案和详细解释，参见第 B.4.1 节）

回到随机化的 QuickSort，传递给第一个递归调用的子数组的平均长度是多少？换句话说，平均有多少个元素小于一个随机选择的基准元素？

**小测验 B.4**

下面哪个选项最接近传递给 QuickSort 的第一个递归调用的子数组的长度？

（a）$\frac{n}{4}$

（b）$\frac{n}{3}$

（c）$\frac{n}{2}$

（d）$\frac{3n}{4}$

（关于正确答案和详细解释，参见第 B.4.2 节）

### B.4.1　小测验 B.3 的答案

**正确答案：（b）**。我们可以通过几种方式看到这个期望值是 7。第一种方式是根据等式（B.1）通过穷举搜索来确定这个期望值。由于一共有 36 种结果，所以这种方式可行但很乏味。一种较为取巧的方式是成对列出和的所有可能值并使用对称原理。和为 2 和 12 的可能性是相同的，和为 3 或 11 的可能性也是相同的，接下来以此类推。对于这些值的每一对，平均值都是 7，因此它也是总体的平均值。第三种也是最好的方式是使用线性期望值，它是下一节的主题。

### B.4.2 小测验 B.4 的答案

**正确答案：（c）**。这个期望值的准确值是$(n-1)/2$。有 $1/n$ 的机会这个子数组的长度为 0（如果基准元素为最小的元素），有 $1/n$ 的机会这个子数组的长度为 1（如果基准元素为次小的元素），接下来以此类推，有 $1/n$ 的机会这个子数组的长度为 $n-1$（如果基准元素是最大的元素）。根据期望值的定义（公式 B.1），并回顾等式$\sum_{i=1}^{n-1} i = \frac{n(n-1)}{2}$ [①]，我们可以得到：

$$E[X] = \frac{1}{n}\cdot 0 + \frac{1}{n}\cdot 1 \cdots + \frac{1}{n}\cdot(n-1) = \frac{1}{n}\cdot \underbrace{(1+2+\cdots+(n-1))}_{\frac{n(n-1)}{2}}$$

$$= \frac{n-1}{2}$$

## B.5 线性期望值

### B.5.1 形式声明和用例

最后一个概念是个数学属性而不是定义。线性期望值这个属性是指随机变量

---

① 观察$1+2+\cdots+(n-1)=\frac{n(n-1)}{2}$的一种方式是使用 $n$ 的期望值（参阅第 A.2 节）。作为一种取巧的证明，取左边的两个备份，把第一个备份的“1”与第二个备份的“$n-1$”结对，把第一个备份的“2”与第二个备份的“$n-2$”结对，接下来以此类推。这样一共就有（$n-1$）对 $n$ 值。由于式子之和加倍之后等于 $n(n-1)$，所以原始的和等于$\frac{n(n-1)}{2}$。

的和的期望值等于它们各自的期望值之和。它对于计算复杂随机变量的期望值具有难以想象的实用性。例如在计算随机化的QuickSort的运行时间时，随机变量是以更简单的随机变量加权之和所表示的。

**定理B.1（线性期望值）** 假设$X_1, \cdots, X_n$是在同一个取样空间中定义的随机变量，并且$a_1, \cdots, a_n$是实数，则

$$E\left[\sum_{j=1}^{n} a_j \cdot X_j\right] = \sum_{j=1}^{n} a_j \cdot E[X_j] \quad \text{(B.2)}$$

也就是说，随机变量的求和以及期望值的计算可以按任意顺序进行，其结果是相同的。常见的用例是$\sum_{j=1}^{n} a_j X_j$，它是一个复杂的随机变量（例如随机化的QuickSort的运行时间）且$X_j$是简单的随机变量（像0～1随机变量）[①]。例如，设$X$是两个标准骰子之和。我们可以把$X$写成为两个随机变量$X_1$和$X_2$（分别是第一个骰子和第二个骰子的值）之和。$X_1$和$X_2$的期望值很容易根据定义（公式B.1）进行计算，即$\frac{1}{6}(1+2+3+4+5+6)=3.5$。

然后，我们就可以利用线性期望值得到下面的结果：

$$E[X] = E[X_1] + E[X_2] = 3.5 + 3.5 = 7$$

这样我们就用更少的工作重现了第B.4.1节的答案。

一个极端重要的特点是线性期望值对于那些相互独立的随机变量也是成立的。我们在本书中并不需要正式定义独立性，但读者对它的含义可能已经有了直观的感觉：知道一个随机变量的信息并不能了解另一个随机变量的任何信息。例如，上面的随机变量$X_1$和$X_2$是独立的，因为两个骰子被认为是独立抛掷的。

关于依赖性随机变量的例子，可以考虑一对存在神奇联系的骰子，其中第二个骰子的值总是比第一个骰子的值大1（如果第一个骰子的值是6，第二个骰子的值就是1）。现在，知道任何一个骰子的值就能够知道另一个骰子的值。但是，我们仍然可以把$X$的和写成$X_1+X_2$，其中$X_1$和$X_2$是两个骰子的值。独立地看，

① 在斯坦福大学的本课程中，在超过10周的课时中，我在数学术语“线性期望值”上画了一个框。

$X_1$的值可以看成是$\{1, 2, 3, 4, 5, 6\}$的其中之一并且它们的概率相同。第二个骰子也是如此。因此，我们仍然可以得到 $E[X_1] = E[X_2] = 3.5$，按照线性期望值，我们可以得到 $E[X] = 7$。

为什么要感到惊奇呢？从表面上看，等式（B.2）看上去像是无意义的重复。但是，如果我们切换到随机变量的乘积之和，定理 B.1 这个类比对于依赖性随机变量就不再成立[1]。因此，线性期望值确实是随机变量之和的一个特殊属性。

## B.5.2 证明

线性期望值的实用性与它的证明的简洁性正好是相得益彰。[2]

定理 B.1 的证明：从公式（B.2）的右边开始，并使用定理 B.1 期望值的定义对它进行扩展，得出

$$\sum_{j=1}^{n} a_j \cdot E[X_j] = \sum_{j=1}^{n} a_j \cdot \left( \sum_{i \in \Omega} p(i) \cdot X_j(i) \right)$$
$$= \sum_{j=1}^{n} \left( \sum_{i \in \Omega} a_j \cdot p(i) \cdot X_j(i) \right)$$

反转求和的顺序，可得

$$\sum_{j=1}^{n} \left( \sum_{i \in \Omega} a_j \cdot p(i) \cdot X_j(i) \right) = \sum_{i \in \Omega} \left( \sum_{j=1}^{n} a_j \cdot p(i) \cdot X_j(i) \right) \tag{B.3}$$

由于 $p(i)$与 $j = 1, 2, \cdots, n$ 是独立的，因此可以把它从内层的求和中提取出来：

$$\sum_{i \in \Omega} \left( \sum_{j=1}^{n} a_j \cdot p(i) \cdot X_j(i) \right) = \sum_{i \in \Omega} p(i) \cdot \left( \sum_{j=1}^{n} a_j \cdot X_j(i) \right)$$

最后，再次根据期望值的定义（公式 B.1），得到公式（B.2）的左边：

---

① 神奇联系的骰子提供了一个反例。如果想要观察一个更加简单的反例，可以假设等于 0 和 1 或 1 和 0，每个结果都有 50%的概率。这样 $\mathbf{E}[X_1 \cdot X_2] = 0$，而 $\mathbf{E}[X_1] \cdot \mathbf{E}[X_2] = 1/4$。

② 读者第一次阅读这个证明时，简单起见，可以假设 $a_1 = a_2 = \cdots = a_n = 1$。

$$\sum_{i\in\Omega} p(i)\cdot\left(\sum_{j=1}^{n} a_j \cdot X_j(i)\right) = E\left[\sum_{j=1}^{n} a_j \cdot X_j\right]$$

Q.e.d.

这就对了！线性期望值确实只是双求和的反转。

谈到双求和，如果读者对代数运算的这些类型并不是特别熟悉，可能会觉得等式（B.3）比较晦涩。作为一种简单的思考方式，可以把 $a_j p(i) X_j(i)$ 排列在一个网格中，行的索引 $i\in\Omega$，列的索引 $j\in\{1,2,\cdots,n\}$，数 $a_j p(i)\cdot X_j(i)$ 放在第 $i$ 行和第 $j$ 列的单元格中：

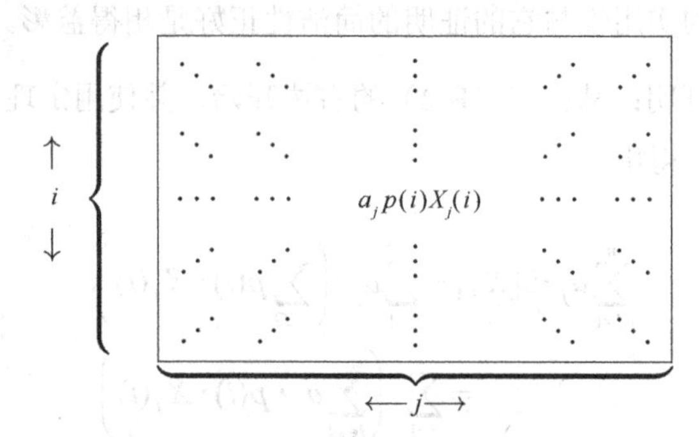


公式（B.3）的左边首先对每一列进行求和，然后把这些列的和再累加在一起。右边首先对行进行求和，然后再将这些行的和累加在一起。不管是哪种方式，都可以得到网格中所有元素之和。

## B.6 实例：负载平衡

为了把前面这些概念结合在一起，我们研究一个关于负载平衡的例子。假设我们用一种算法把进程分配给服务器，但是我们非常懒，想采用尽可能省力的方法。一种比较容易的方法是把每个进程分配给一个随机的服务器，每个服务器得到这个进程的概率是相同的。这种方法的效果好不好呢？①

举个具体的例子，假设一共有 $n$ 个进程和 $n$ 个服务器，其中 $n$ 是个正整数。

① 这个例子与《算法详解》系列的第2卷所讨论的散列有关。

首先，我们要弄清取样空间：集合 $\Omega$ 是把进程分配给服务器的所有可能的方式，$n$ 个进程中的每个进程都有 $n$ 种选择。根据这种懒惰算法的定义，这些 $n \times n$ 个结果中的每一个都具有相同的概率。

既然已经有了取样空间，现在就可以定义随机变量了。我们所感兴趣的一个数量就是服务器的负载，因此我们把 $Y$ 定义为等于分配给第一台服务器的进程数量的随机变量。（根据对称原理，所有的服务器都是一样的，因此我们只要关注第一台就可以了。）$Y$ 的期望值是多少？

从原则上说，我们可以通过公式（B.1）对 $E(y)$进行穷举法求值，但是除非是 $n$ 的值非常小，否则这种方法是不实用的。幸运的是，由于 $Y$ 可以表达为简单随机变量之和，所以我们可以用线性期望值来解决这个问题。

从形式上说，对于 $j = 1, 2, \cdots, n$，定义

$$X_j = \begin{cases} 1, \text{如果第}j\text{个进程被分配给第一台服务器} \\ 0, \text{其他情况下} \end{cases}$$

只取 0 和 1 这两个值的随机变量常常被称为指示性随机变量，因为它们提示了某个事件是否发生（例如进程 $j$ 是否被分配给第一台服务器这个事件）。

根据定义，我们可以把 $Y$ 表达为所有 $X_j$ 之和：

$$Y = \sum_{j=1}^{n} X_j$$

根据线性期望值（定理 B.1），$Y$ 的期望值是各个的期望值之和：

$$E[Y] = E\left[\sum_{j=1}^{n} X_j\right] = \sum_{j=1}^{n} E[X_j]$$

由于每个随机变量 $X_j$ 都是简单随机变量，因此很容易直接计算出它的期望值：

$$E[X_j] = \underbrace{0 \cdot Pr[X_j = 0]}_{=0} + 1 \cdot Pr[X_j = 1] = Pr[X_j = 1]$$

由于第 $j$ 个进程分配给每个服务器的概率是相同的，$Pr[X_j = 1] = 1/n$。综合起来，可以得到：

$$E[Y]=\sum_{j=1}^{n}E[X_j]=n\cdot\frac{1}{n}=1$$

因此，如果我们只关注服务器的平均负载，这种超级懒惰的算法完全没有问题！这个例子以及随机化的 QuickSort 算法充分说明了随机化在算法设计中所扮演的角色：如果我们采用随机化的选择，常常可以证明真正简单的假设是行之有效的。

**小测验 B.5**

考虑由 $k$ 个人所组成的一个组。假设每个人的生日是从 365 种可能性中随机抽取的。（忽略闰年。）若要至少有一对人具有相同生日的期望值达到 1，$k$ 的最小值应该是什么？【提示：为每对人定义一个指示性随机变量。使用线性期望值。】

（a）20

（b）23

（c）27

（d）28

（e）366

**正确答案：（d）**。先确定一个正整数 $k$，并定义人的集合为$\{1, 2, \cdots, k\}$。让 $Y$ 表示具有相同生日的人的对数。如题目的提示所建议的那样，为每种选择 $i, j \in\{1, 2,\cdots, k\}$定义一个随机变量 $X_{ij}$。如果 $i$ 和 $j$ 具有相同的生日，就定义 $X_{ij}$ 为 1，否则就定义 $X_{ij}$ 为 0。因此，$X_{ij}$ 是指示性随机变量，并且

$$Y=\sum_{i=1}^{k-1}\sum_{j=i+1}^{k}X_{ij}$$

根据线性期望值的定义（定理 B.1）：

$$E[Y]=E\left[\sum_{i=1}^{k-1}\sum_{j=i+1}^{k}X_{ij}\right]=\sum_{i=1}^{k-1}\sum_{j=i+1}^{k}E[X_{ij}] \tag{B.4}$$

由于 $X_{ij}$ 是指示性随机变量，所以 $E[X_{ij}]=Pr[X_{ij}=1]$。$i$ 和 $j$ 的生日共有$(365)^2$

种可能性，在这些可能性中 $i$ 和 $j$ 具有相同生日的可能性共有 365 种。

假设所有的生日组合都具有相同的概率，

$$Pr[X_{ij}=1]=\frac{365}{(365)^2}=\frac{1}{365}$$

把这个式子代入到式（B.4）中，可以得到

$$E[Y]=\sum_{i=1}^{k-1}\sum_{j=i+1}^{k}\frac{1}{365}=\frac{1}{365}\cdot\binom{k}{2}=\frac{k(k-1)}{730}$$

其中$\binom{2}{k}$表示二项式系数“$k$ 选择 2”（和小测验 3.1 的答案一样）。因此，对于 $k/(k-1)/730\geqslant 1$ 这个不等式，$k$ 的最小值是 28。